특목고 자사고 가는 수학

살림Math

수학이 즐거워지는 아주 특별한 주문
"마테마테코이(mathematekoi)"

수학(mathematics)이라는 용어는 피타고라스로부터 유래되었다. 일반적인 배움을 뜻하는 마테마(mathema)와 깨달음을 뜻하는 마테인(mathein)이 결합된 '마테마테코이(mathematekoi)' 즉, '모든 것을 연구하여 깨우치는 사람들'이라는 의미이다. 수학이란 지루하고, 어렵고, 기계적으로 계산만 해야 하고, 공식을 외워야 한다는 생각을 버려야 한다. 그리고 수학이 세상의 모든 학문들의 공통분모라는 것을 깨달아야 한다.

이 책은 지루한 수학이라는 고정관념을 깨기 위해서 집필한 책이라고 자신 있게 말할 수 있다. 이 책은 문제만 푸는 참고서로 만든 책이 아니라 수학적인 사고력과 논리력을 키워 수학에 대한 교양과 실력을 한번에 키우기 위한 책이다. 이를 위해서 필자들은 실생활과 밀접한 관계를 맺고 있는 수학의 원리를 쉽고 재미있게 이해할 수 있도록 하기 위해 많은 정성을 기울였다.

영재교육에 대한 관심이 날로 높아지고 있다. 특히 영재학교, 특목고, 자사고 입시를 대비하고 있는 학생들은 수학과 과학 고등과정에 대한 선행·심화학습이 필요하다. 이 책은 중고등학교 수학과정과 동일하게 구성하였기 때문에 내신은 물론, 각종 올림피아드나 경시대회를 충분히 준비할 수 있다.

이 책을 펼쳐든 독자는 '이 문제는 수학 공부를 얼마나 해야 풀 수 있는 문제일까?'라는 의문을 가질 것이다. 답은 '누구나 풀 수 있다'이다. 기본 개념을 잡기 위한 초등학생부터 대입수험생까지 누구나 쉽게 이해하고 따라갈 수 있도록 친절하고 자세하게 설명하고 있다.

'어떻게 하면 수학을 잘 할 수 있을까요?'

필자가 학생들에게 가장 많이 받는 질문이다. 수학을 잘하기 위해서는 일반적으로 네 가지 능력이 필요하다. 첫 번째가 수학문제를 계산 할 수 있는 능력인 '기초력'이다. 그러나 이것은 수학 공부의 일부분에 불과하며, 나머지 세 가지 능력이 더욱 중요하다고 할 수 있다. 그중 '창의력(직관력)'은 문제를 풀 때 해결방법을 구상하거나,

방향을 설정할 때 도움이 되는 능력이다. 또 하나는 '사고력'이다. 사고력은 수학적 논제를 폭넓은 지식과 그 지식의 상호연관성을 생각하여 문제해결을 위한 구상을 하는 것이다. 마지막으로 '논리력'이 필요하다. 구슬도 잘 꿰어야 보배이듯 앞의 세 가지 능력을 최대한 발휘할 수 있게 하는 집중력과 표현력이 바로 논리력이라고 할 수 있다. 바로 요즘 수학, 즉 통합형 수리능력이 바로 이 네 개의 능력을 모두 요구하고 있는 것이다. 때문에 다양한 형식의 문제와 서술형 풀이로 네 개의 능력을 모두 발달시킬 수 있도록 하였다.

영재학교, 특목고, 자사고 신입생 선발의 최종 관문은 구술시험이다. 구술시험을 잘 치르기 위해서는 수학, 과학의 원리를 명확하게 이해해야 한다. 여기서 요구하고 있는 창의적 문제해결능력은 단순 문제풀이 형태가 아닌 논리적 사고와 의사소통 능력이다. 그러기 위해서는 이 책을 통해 탄탄한 배경지식과 원리, 그리고 다른 주제와의 연계성을 충분히 내 것으로 만들어야 한다. 그 다음 수학문제를 해결하기 위한 창의적인 방법을 모색하고, 지금까지 쌓아온 지식을 통합적으로 연관 지어서 논리적인 사고력으로 해결책을 서술해야 하는 것이다. 이 책은 각종 올림피아드나 경시대회 입상을 목표로 하고 있는 학생들에게 더없이 좋은 교양서와 학습서가 될 것이다.

독자들은 이 책과 함께 공부하면서 네 가지 능력을 한꺼번에 발휘하는 훈련을 하게 될 것이다. 마지막으로 필자는 이 책을 통해 여러분들이 문제를 해결하는 능력을 스스로 발전시켜 나가기를 바란다. 또한 책에 나오는 인문학적 지식과 시사적인 내용으로 학교에서 배우는 수학에서 한 단계 더 나아가 좀더 넓은 시선과 통합적인 사고력을 높여나가기를 바란다.

2008년 4월

매쓰멘토스 수학연구회

사고력 수학 퍼즐

각 주제를 시작하기에 앞서 논리력, 사고력, 창의력을 발휘해서 풀어야 하는 문제를 제시한다. 본문을 읽을 때 흥미를 유발하고 주제의 목표와 방향을 제시하는 길잡이 역할을 하고 있다.

각 주제의 구성

수학 교과서에 나오는 지식만으로는 접근하기 어려운 수리적 사고능력의 신장을 위하여 여러 다른 학문과의 통합적 사고 능력을 강조하는 내용을 다루고 있다. 이를 위해 문제풀이 위주의 구성보다는 주제에 대한 기초개념과 심화내용의 주요한 줄거리를 이야기 형식으로 전개하는 방식을 취하고 있다. 또한 주제에 관련된 내용이 우리 생활과 밀접한 관계를 가지고 있다는 것을 보여줌으로써 수학이 단지 시험을 대비하는 과목이 아닌 합리적이고 논리적인 사고방식으로 살아가기 위한 필수 학문임을 보여주고자 하였다.

이 책의 모든 문제에는 난이도와 성격에 맞게 단계가 표시되어 있다. 이 단계는 순차적인 단계가 아니라 문제를 푸는 사람의 수준을 고려한 것이기 때문에 각 주제마다 모든 단계가 수록되어 있지는 않다. 자신에게 맞는 단계를 찾아서 풀어보는 것도 매우 좋은 학습방법이다. 점차 단계를 높여가면서 풀어보도록 하자.

1단계 ● **주제를 이해하는 문제**

각 주제를 배우기 전에 주제에 대한 우리의 사전 지식을 측정해보거나, 이 주제를 읽으면서 생각해보아야 할 점과 그 주제에 대한 포괄적인 생각을 미리 살펴보기 위한 문제이다.

2단계 ● **기초가 되는 문제**

주제의 기본 개념이나 그 주제의 기초계산능력 등을 측정하기 위한 문제를 자세한 풀이와 함께 제시하였다.

3단계 ● **생각이 필요한 문제**

기본 개념을 응용하여 심화, 발전시킨 문제로 실생활에서 수학을 깊이 있게 탐구할 수 있는 기회를 제공하였다.

4단계 ● **발상이 전환되는 문제**

대학 수리논술 기출문제를 위시하여 그 단원에 대한 이해력, 논리력, 사고력, 창의력을 총체적으로 측정하며 더불어 지식의 폭을 넓힐 수 있는 내용으로 구성하였다.

주제에 관련된 수학적인 내용뿐만 아니라 철학, 과학, 문학, 예술, 시사 등 인간 사고활동 전반에 걸친 흥미로운 내용을 실었다. 수학의 폭이 얼마나 넓은가를 보여주며 수학이 단순히 어렵기만 하고 지루한 고립되어 있는 학문이 아니라는 것을 보여준다. 동시에 여러 방면의 상식도 넓힐 수 있도록 하였다.

주제에 관해 가장 깊이있는 심화 내용을 다루었다. 앞으로의 연구과제와 활용 등의 시사적인 주제를 소개하였다.

본문 내용 곳곳에서 꼭 알고 넘어가야 할 정의와 정리 등을 간단히 요약했다.

3단계 이상의 문제에는 문제 해결을 위해 논리력, 사고력, 창의력이 어느 정도까지 필요한가를 표시해줌으로써 자신의 성향이나 실력을 스스로 판단할 수 있는 척도를 제시해주고 있다.

■ : 쉬움, ■■ : 기본, ■■■ : 보통, ■■■■ : 심화, ■■■■■ : 고난도

contents

1 장

아름다운 수의 세계

수론

수학은 과학의 여왕이요
정수론은 수학의 여왕이다.

– 가우스

방안에 두 명 이상의 우주인이 있습니다. 우주인의 한 손에는 2개 이상의 손가락이 있습니다. 모든 우주인이 같은 손가락의 수를 가지고 있고, 이 방안에 있는 우주인의 총 손가락은 200~300개입니다. 그렇다면 방안에 있는 우주인은 몇 명일까요?

풀이

손가락이 240개라면 20명의 우주인이 각자 12개의 손가락을 가지고 있을 것이고, 12명이라면 각자 20개의 손가락을 가지고 있을 것입니다. 그러나 이것이 답은 아닙니다. 바로 인수분해 가능한 수(소수가 아닌 수)를 제외해야 하니까요.

그렇다면 소수를 생각해봅시다. 예를 들면 229개의 손가락을 가진 1명의 우주인 또는 손가락이 1개인 229명의 우주인을 생각해볼 수 있습니다. 그러나 하나의 소수로는 의미가 없으므로, 소수의 제곱을 생각해야 합니다. 그렇다면 200~300까지의 숫자 중에서 소수는 289(17의 제곱)밖에 없습니다. 결국 방안에는 17개의 손가락을 가진 17명의 우주인이 답입니다.

수학의 여왕 정수!

아래의 내용은 2006년에 개봉한 일본 영화 「박사가 사랑한 수식」의 일부분입니다. 잠깐, 감상해볼까요.

> "박사님 한 가지 발견한 것이 있는데, 얘기해도 될까요?"
>
> "무엇을 발견했다는 거지?"
>
> "28의 약수를 더했더니 28이 됐어요."
>
> "오호……."
>
> 박사는 앞서 설명한 아르틴의 예상 무늬와 함께 '28＝1＋2＋4＋7＋14'라고 썼습니다.
>
> "완전수로군."
>
> "완, 전, 수."
>
> 나는 굳건한 말의 울림을 음미하며 중얼거렸습니다.
>
> "제일 작은 완전수는 6이야. 6＝1＋2＋3."
>
> "아, 정말이네요. 완전수는 드문 게 아닌가 보죠?"
>
> "아니, 천만의 말씀! 완전의 의미를 보여주는 귀중한 숫자지. 28 다음의 완전수는

496. 496＝1＋2＋3＋8＋16＋31＋62＋124＋248. 그 다음은 8128. 그 다음은 33550336. 또, 그 다음은 8589869056. 숫자가 커지면 커질수록 완전수를 찾아내기가 어려워지지.”

나는 박사가 억 자리 수의 숫자를 아무 어려움 없이 말하는 데 놀라지 않을 수 없었습니다.

“완전수가 아니면 약수의 합이 수 자신보다 커지든지 작아져. 크면 과잉수, 작으면 부족수. 실로 명쾌한 용어라고 생각지 않나? 18의 경우, 1＋2＋3＋6＋9＝21이니까 과잉수야. 24는 1＋2＋7＝10이니까 부족수고.”

———————— (중략)————————

“완전수의 특성을 한 가지 더 보여주지.”

박사는 나뭇가지를 고쳐 쥐고, 두 발을 벤치 아래로 집어넣어 빈 땅을 확보했습니다.

“완전수는 연속되는 자연수의 합으로 나타낼 수도 있어.”

6＝1＋2＋3

28＝1＋2＋3＋4＋5＋6＋7

496＝1＋2＋3＋4＋5＋6＋7＋8＋9＋10＋11＋12＋13＋14＋15＋16＋17＋18＋19＋20＋21＋22＋23＋24＋25＋26＋27＋28＋29＋30＋31

박사는 팔을 쭉 뻗어 덧셈을 써 나갔습니다. 그것은 단순하면서도 규칙적인 행렬이었습니다. 아르틴의 예상의 난해한 수식과 28의 약수들로 이루어진 덧셈은 서로 반목하지 않고 하나로 융화되어 우리를 에워싸고 있었습니다. 숫자 하나하나가 정교한 무늬를 빚어내는 것 같았습니다. 나는 자칫 말을 잘못 움직여 숫자가 하나라도 지워지면 아까울 것 같아 꼼짝 않고 있었습니다.

우리의 발치에는 우주의 비밀이 모습을 드러내고 있는 듯했습니다. 마치 신의 수첩이 우리의 발치에 펼쳐져 있는 것 같았지요.

「박사가 사랑한 수식」의 줄거리는 불의의 교통 사고로 기억력이 80분간만 지속되는 천재 수학자와 미혼모 파출부인 '나', 그리고 나의 아들 루트가 함께 보낸 1년의 이야기입니다. 나와 루트는 천재 수학자로부터 수식의 아름다움을 배워나가면서 서로의 부족한 점을 채워주는 따뜻한 관심과 사랑을 체험합니다. 그리고 인생의 소중함을 깨닫게 되지요.

박사는 나의 아들에게 모든 수를 포용할 수 있는 루트 기호와 닮았다고 '루트'라는 별명을 지

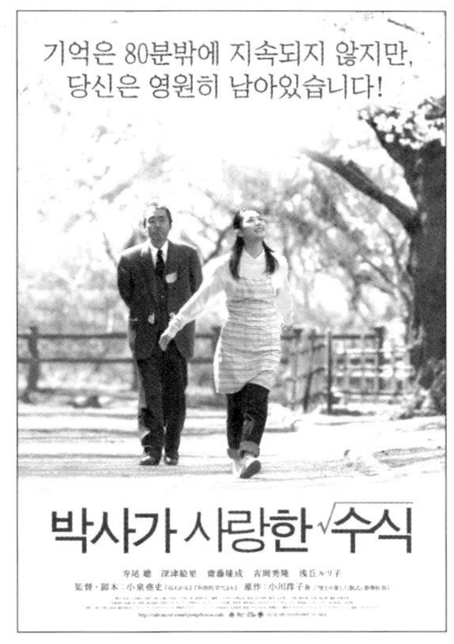

영화 「박사가 사랑한 수식」

어줍니다. 박사는 루트에게 80분의 기억이 허락하는 한도에서 무한한 사랑을 보내주고, 늘 외롭고 혼자였던 루트는 박사에게서 한 번도 느껴보지 못한 할아버지의 따스한 정을 느낍니다.

영화 속에서 박사는 말합니다. 우애수와 완전수, 과잉수와 부족수가 있는 수학은 이 세상을 가장 잘 표현해주는 완벽한 것이라고 말이지요. 그리고 세상은 놀라움과 환희로 가득 차 있다는 것을 단 하나의 수식으로 가르쳐줍니다.

나의 삶은 어떤 수로 표현할 수 있을까요? 바로 「박사가 사랑한 수식」 영화가 우리에게 던지는 물음입니다. 영화는 주인공들의 상처와 사랑을 수식으로 표현하는 독특한 설정을 보여줍니다. 그렇다면, 영화 속 주인공인 박사가 사랑했다는 정수는 어떤 수일까요? 지금부터 함께 알아봅시다.

요일 맞추기

오늘은 금요일입니다. 오늘부터 12^7일 후 되는 날은 무슨 요일인가요? 아래의 정리를 이용하여 구해봅시다.

> a와 p가 서로소인 자연수이고, p가 소수이면 $a^p - a$는 p의 배수이다.
> (페르마의 소정리)

풀이

1주일은 7일로 이루어져 있습니다. 따라서 12^7일후의 요일을 구하려면, 12^7이 7의 몇 배수이고 그것이 남는 수를 구해 요일을 계산해햐 합니다. 따라서 12와 7은 서로소이고, 7은 소수입니다. 페르마의 소정리에 의하면 적당한 자연수 n에 대하여 $12^7 - 12 = 7n$이 성립합니다.

$$\therefore 12^7 = 7n + 12 = 7(n+1) + 5$$

오늘은 금요일이므로 12^7일 후는 오늘부터 5일 후와 같은 요일입니다. 따라서 수요일이 됩니다.

지하철을 깨끗이

오른쪽 그림과 같이 순환하는 지하철 노선에 모두 24개의 역이 있다고 합니다. 이 노선의 청소 용역을 맡은 회사는 매일 ①번 역에서 시작하여 화살표 방향으로 $n(1 \leq n \leq 23,$ 자연수)번째 역마다 청소를 합니다.

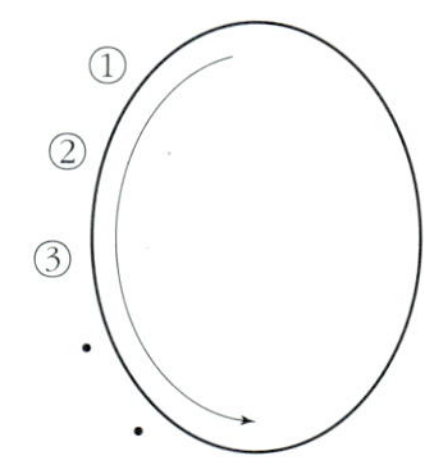

예를 들어 $n=1$이면 $1-2-3-\cdots-24-\cdots$ 순서로 청소하고, $n=2$이면 $1-3-5-\cdots-23-1-\cdots$을 청소합니다.

그래서 $n=2$이면 짝수번호의 역은 청소하지 못하게 됩니다.

이때, 모든 역을 청소할 수 있는 n의 값은 모두 몇 개일까요?

풀이

$n=1, 2, 3, 4, \cdots$일 때를 생각해봅시다. n이 24와 공약수를 갖는 값일 경우 모든 역을 청소할 수 없습니다. 따라서 구하는 값은 24와 서로소인 1, 5, 7, 11, 13, 17, 19, 23의 8개입니다.

컴퓨터 연산

다음 표는 컴퓨터의 연산에 사용되는 16진법 표입니다.

16진법	1	2	3	4	5	6	7	8	9	A	B	C	D	E	F
10진법	1	2	3	4	5	6	7	8	9	10	11	12	13	14	15

16진법의 덧셈을 예로 들면, $A+C=16_{(16)}$과 같습니다.

이때, $AAA+BBB+CCC+DDD+EEE+FFF$를 16진법으로 나타내 보세요.

풀 이

$$(준식)=(A\times16^2+A\times16\times A)+(B\times16^2+B\times16+B)+\cdots$$
$$+(F\times16^2+F\times16+F)=(A+B+C+D+E+F)(16^2+16+1)$$

그런데 $A+B+C+D+E+F=10+11+12+13+14+15$
$$=75=16\times4+11$$

이므로 $(준식)=(16\times4+11)(16^2+16+1)$
$$=4\times16^3+15\times16^2+15\times16+11=4FFB_{(16)}$$

1 수의 역사

오늘날 우리가 사용하고 있는 아라비아 숫자가 태어난 곳은 인도입니다. 아라비아 숫자는 겨우 10개의 수로 무궁무진한 모든 수를 표현한다는 점에서 매우 뛰어난 인류 발명품의 하나라고 할 수 있습니다.

다음 그림은 0, 1, …, 9의 숫자의 변천을 보여주고 있습니다. 인도 숫자의 기원은 마우리야 제국의 아쇼카 왕(재위 BC 268~BC 232?)시대의 브라마 숫자에서 출발합니다. 그 후 이 숫자들은 모양이 변형되면서 아라비아에 전해지게 됩니다.

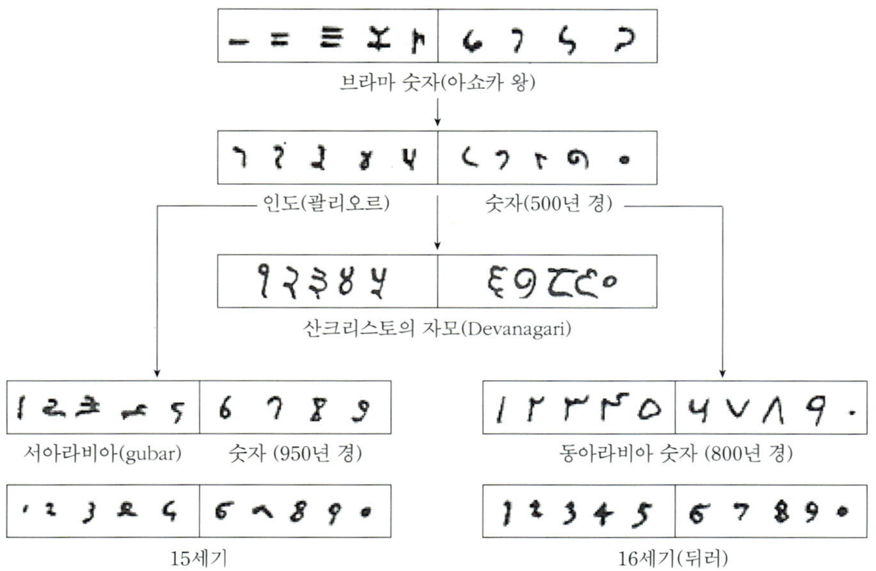

아라비아 숫자의 변천

아라비아 숫자는 12세기 무렵, 유럽과 아라비아의 교역을 통해 유럽으로 전파되었습니다. 그래서 유럽인들은 이 숫자를 '아라비아 숫자'라고 불렀습니다. 숫자는 인도에서 태어났는데도 불구하고 '인도 숫자'라고 불려지지 않은 것이죠.

아라비아 숫자의 우수성이 처음부터 유럽에서 쉽게 받아들여졌던 것은 아닙니다. 이 숫자들은 당시 유럽에 통용되고 있던 로마 숫자들보다 위조가 쉬웠기 때문에 1300년에는 상업 어음에 사용하는 것이 금지되었습니다. 그래서 1800년까지도 이 숫자들은 유럽 전역에서 통용되지 않았습니다. 그러다가 점차 과학이 활발해지면서 유럽에서 아라비아 수의 우수성을 깨닫게 되고, 본격적으로 사용되었습니다.

원시 시대 인류는 빗금을 새기거나 밧줄의 매듭 등을 묶어 수를 나타내었습니다. 그 후 문명이 점차 발달하면서 숫자를 고안하여 사용하였습니다. 각 민족마다 다양한 모양이 숫자들이 고안되었지요. 그렇다면 수많은 숫자를 다 물리치고 인도의 숫자가 현대 세계 공용의 숫자 표기법으로 자리를 굳힌 이유는 무엇일까요? 그 이유는 인도의 숫자가 표기법에 있어 탁월한 과학적 방법을 사용하고 있기 때문입니다. 인도의 숫자는 자리에 따라 수의 크기가 달라집니다. 예를 들어, 200의 2가 00 앞에 놓이면서 200이 되는 것이지요. 이런 식으로 0에서 9까지 10개의 수로 무궁무진한 수를 모두 표기할 수 있습니다. 이런 기수법을 '인도 아라비아 위치적 기수법'이라고 합니다. 한 자리씩 올라갈 때 생기는 빈자리를 나타내기 위해 점으로 표기하던 0의 발견은 대수롭지 않게 보입니다. 그러나 0이 있으므로 해서 사칙 연산은 훨씬 쉽고 편리해졌습니다.

인도의 숫자는 값에 따라 다른 기호를 사용하여 나타내는 로마 숫자나 중국의 숫자와 비교하여 보면 금방 그 편리함과 우수성을 느낄 수 있습니다.

수	1	2	3	4	5	6	7	8	9	10	50	100	500	1000
로마수	I	II	III	IV	V	VI	VII	VIII	IX	X	L	C	D	M

2345를 로마 숫자로 나타내어 봅시다. 천이 2개, 백이 3개, 십이 4개이므로 'MMCCCXXXXV'와 같이 표기를 해야 합니다. 따라서 한 자리 더 높은 23456을 로마 숫자로 나타내려면 (로마 숫자의 최고 단위가 M(1000)이므로) M을 23개 써야만 합니다.

중국의 숫자 표기법은 같은 글자를 여러 번 반복해서 쓰지 않아도 되기 때문에 로마의 숫자보다 쓰기 편합니다. 그러나 9999의 다음의 수를 쓰기 위해 '천(千)'보다 하나 위의 자리의 값을 나타내는 기호 '만(萬)'을 만들어야 했습니다.

이렇게 큰 수를 표시하기 위해 같은 문자를 여러 번 나열하거나, 위의 자리로 올라갈 때마다 새로운 기호를 만들어야 하는 방법은 사회가 발전하면서 수도 커지게 되므로 쓰기에 불편합니다. 그래서 각 나라에서 쓰이던 숫자 표기법들은 결국 아라비아 숫자에게 밀릴 수밖에 없던 것입니다.

이런 불편은 수를 기록하는 데에만 있었던 것은 아닙니다. 수의 계산에 있어서도 다른 숫자 표기법들은 인도 숫자의 표기법을 따라 갈 수 없었습니다.

一(일)	1
十(십)	10
百(백)	100
千(천)	1000
萬(만)	10^4
億(억)	10^8
兆(조)	10^{12}
京(경)	10^{16}
垓(해)	10^{20}
秭(자)	10^{24}
穰(양)	10^{28}
溝(구)	10^{32}
澗(간)	10^{36}
正(정)	10^{40}
載(재)	10^{44}
極(극)	10^{48}
恒河沙(항하사)	10^{52}
阿僧祇(아승기)	10^{56}
那由他(나유타)	10^{60}
不可思議(불가사의)	10^{64}
無量大數(무량대수)	10^{68}
大數(대수)	10^{72}

중국의 수

다음은 153×27을 인도 숫자와 로마 숫자를 사용하여 계산 결과입니다.

	1	5	3
×		2	7
1	0	7	1
3	0	6	
4	1	3	1

인도숫자

```
      C  L  X  III
×              X  X  VII
          M  L  X  X   I
       M  M  M  L  X
    M  M  M  M  C  X  X   I
```

로마숫자

따라서 이집트, 로마, 중국 등 고대 국가에서 계산하려면 주판이라는 계산 기구가 필요했습니다. 그럼에도 불구하고 16세기 무렵까지도 곱하고 나누는 계산은 전문 수학자들만이 가능했습니다. 세계 공용 숫자 표기법에 인도 숫자가 선택된 것은 당연한 일일 수밖에 없겠죠?

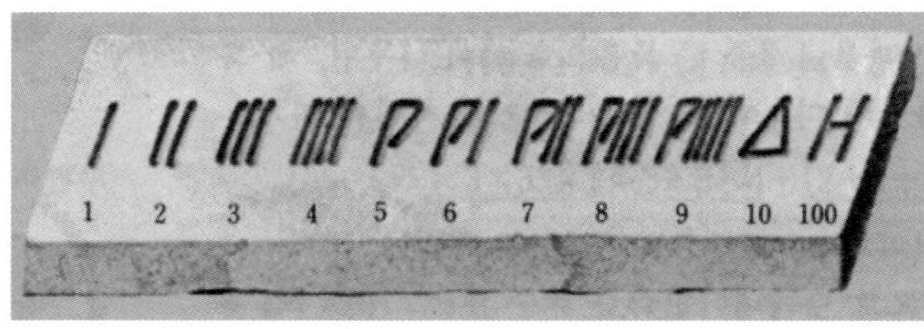

그리스 숫자

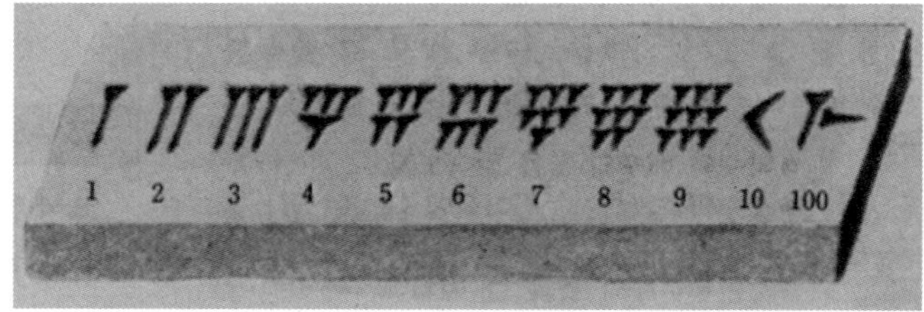

바빌로니아 숫자

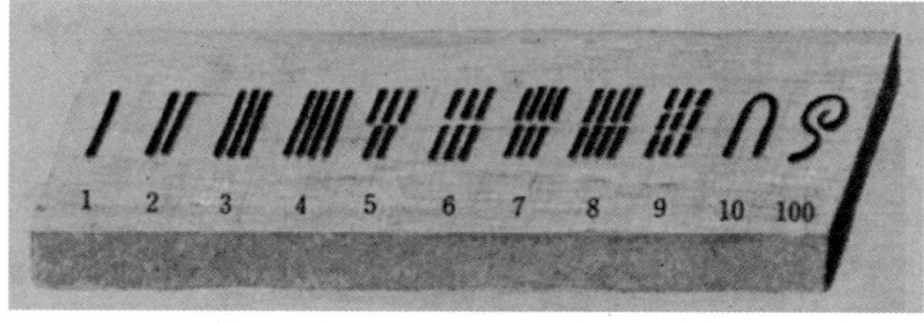

이집트 숫자

처음에 0은 단순히 자리가 올라갈 때 생길 수 있는 빈 공간을 메우고자 사용되었습니다. 6세기 초, 인도 사람들은 그들의 언어에 있었던 'sunya(공허)' 라는 말에 해당하는 작은 동그라미를 사용하기 시작했습니다. 6세기 말쯤 인도 사람들은 이 작은 동그라미를 '아무 것도 없음'을 나타내는 하나의 '수'로 보게 되었습니다. 즉 1 보다 작은 수 '0'이 탄생한 것입니다. 그래서 0에 관한 규칙이 나오게 됩니다.

0에 관한 규칙은 다음과 같습니다.

- 어떤 수에 0을 더하면 어떤 수가 된다. (덧셈의 항등원)

- 어떤 수에 0을 곱하면 0이 된다.

5세기경 동방에서 로마로 최초의 0이 전해졌습니다. 그런데 당시 로마 교황은 아주 보수적이었습니다. 그는 로마 숫자로도 모든 수를 다 적을 수 있는데 굳이 다른 나라의 숫자 0을 사용할 필요가 없다고 생각했을 뿐 아니라 0을 요물스러운 수라 하여 사용을 금지했습니다. 하지만 0의 편리성을 깨달은 당시의 수학자들은 비밀리에 0을 사용하였습니다. 0을 사용한 사실이 교황에게 발각되면 학자들은 참혹한 형벌을 받았다고 합니다. 그래서 서양에서는 중세 때까지도 0의 개념을 생각하기는커녕 '사탄의 숫자'라며 거부했습니다.

0의 발견뿐만 아니라 수에 대한 탁월한 능력을 가졌던 인도 수학은 꾸준히 발달하지 못했습니다. 심지어 현대에는 서양의 수학에 뒤처지게 되었지요. 그 이유는 인도의 수학을 승려나 왕족들만 연구했기 때문입니다. 또한 후손에게 수학적 지식을 전달할 때, 시의 형태로 남겨 놓아서 제대로 전달되기 어려웠습니다.

수학은 증명이나 계산을 분명하게 써서 나타내어야만 제구실을 할 수 있습니다. 인도의 수학발달 과정은 우리에게 좋은 교훈이 되고 있습니다.

0의 개수를 구하라

$1000!\,(=1\times2\times3\times\cdots\times1000)$의 일의 자리의 수로부터 연속된 0의 개수를 구하세요.

풀 이

$10^n=2^n\times5^n$입니다. 그러므로 어떤 수를 소인수 분해했을 때, 소수 2와 소수 5를 묶어 몇 쌍이 되는지 알아봅시다. 5의 인수에 비해 2의 인수가 충분히 많으므로 1부터 1000까지의 수에서 5의 인수의 개수를 조사해 보면 다음과 같습니다.

$$\left[\frac{1000}{5}\right]+\left[\frac{1000}{5^2}\right]+\left[\frac{1000}{5^3}\right]+\left[\frac{1000}{5^4}\right]$$

$$=200+40+8+1=249(\text{개})$$

(단, $[x]$는 x보다 크지 않은 정수의 값을 의미합니다.)

2 약수와 배수

_ 소수와 소인수분해

모든 자연수는 1과 자기 자신의 수를 약수로 가집니다. 그래서 자연수를 작은 수의 곱으로 나누어 가다 보면 더 작은 수의 곱으로 나눌 수 없게 됩니다. 예를 들어 봅시다.

$$6 = 1 \times 6 = 2 \times 3$$

$$15 = 1 \times 15 = 3 \times 5$$

$$30 = 1 \times 30 = 2 \times 15 = 2 \times 3 \times 5$$

$$36 = 1 \times 36 = 2 \times 18 = 2 \times 2 \times 9 = 2 \times 2 \times 3 \times 3$$

이렇듯 2, 3, 5처럼 더 이상 작은 수의 곱으로 나눌 수 없는 수를 소수라 합니다. 모든 자연수는 소수라는 약수들의 곱으로 분해할 수 있습니다.

소수는 '1과 자기 자신 이외에는 다른 어떤 수로도 나눌 수가 없는 자연수'라고도 정의합니다. 이때 주의 할 것은 편의상 1이 소수에서 제외된다는 것입니다.

한편 4, 6, 8, 9, … 등과 같이 1보다 큰 자연수 중에서 소수가 아닌 수를 합성수 또는 비소수라고 합니다. 그리고 합성수 42, 80, 280은

$$42 = 2 \times 3 \times 7, \quad 80 = 2^4 \times 5, \quad 280 = 2^3 \times 5 \times 7$$

과 같이 소수의 곱으로 나타낼 수 있는데, 이와 같이 합성수를 소수의 곱으로 나타내는 것을 소인수분해라고 합니다. 이때 2, 3, 5, 7, … 등과 같이 소수인 약수를 그 합성수의 소인수라고 합니다.

그럼 이런 소수들을 어떻게 찾을 수 있을까요? 가장 많이 알려진 방법으로 수학자 에라토스테네스가 만든 '에라토스테네스의 체'라는 것이 있습니다. 그가 발견한 방법은 다음과 같습니다. 1을 제외하고 자연수를 차례대로 2, 3, 4, 5, … 와 같이 늘어놓은 다음

ⅰ) 최소의 소수 2는 남기고 2의 배수를 모두 지웁니다.

ⅱ) 다음의 소수 3을 남기고 3의 배수를 모두 지웁니다.

ⅲ) 다음의 소수 5를 남기고 5의 배수를 모두 지웁니다.

이와 같은 방법으로 계속해서 지워지지 않고 남아 있는 수가 소수입니다.

$$
\begin{array}{cccccccccc}
1, & 2, & 3, & 4, & 5, & 6, & 7, & 8, & 9, & 10, \\
11, & 12, & 13, & 14, & 15, & 16, & 17, & 18, & 19, & 20, \\
21, & 22, & 23, & 24, & 25, & 26, & 27, & 28, & 29, & 30, \\
31, & 32, & 33, & 34, & 35, & 36, & 37, & 38, & 39, & 40, \\
41, & 42, & 43, & 44, & 45, & 46, & 47, & 48, & 49, & 50, \\
51, & 52, & 53, & 54, & 55, & 56, & 57, & 58, & 59, & 60, \\
61, & 62, & 63, & 64, & 65, & 66, & 67, & 68, & 69, & 70, \\
71, & 72, & 73, & 74, & 75, & 76, & 77, & 78, & 79, & 80, \\
81, & 82, & 83, & 84, & 85, & 86, & 87, & 88, & 89, & 90, \\
91, & 92, & 93, & 94, & 95, & 96, & 97, & 98, & 99, & 100,
\end{array}
$$

그런데 이 방법은 수가 커지면 소수를 찾아내기가 어렵습니다. 수가 커짐에 따라 소수의 빈도는 드물어지지만 소수는 무한히 계속 존재하기 때문입니다.

오랜 옛날에 수학자 유클리드는 소수의 개수가 무한함을 증명하였습니다. 소수가 무한개라 하더라도 일정한 규칙에 의해 분포한다면 규칙성을 파악할 수 있겠지만, 수많은 수학자들의 노력에도 불구하고 아직 그 규칙은 발견되지 않고 있습니다.

정수 a가 정수 b로 나누어떨어질 때, 다시 말해서 $a=bc(b\neq 0$이고, c는 정수)일 때, a는 b의 배수이고 b는 a의 약수라고 합니다.

예를 들어 $-12, -9, -6, -3, 0, 3, 6, 9, 12, \cdots$ 등을 3의 배수라고 합니다. 3의 배수는 $-12=3\times(-4), \cdots, 0=3\times 0, \cdots, 12=3\times 4, \cdots$ 와 같이 나타낼 수 있습니다. 그러므로 3의 배수는 $3n(n$은 정수)의 꼴로 나타냅니다.

즉, 정수 A의 약수는 곱으로 분해되는 수들이므로 A의 약수를 구하기 위해서는 먼저 A를 소인수 분해하여야만 합니다.

예를 들면 $72=8\times 9=2^3\times 3^2$으로 소인수 분해하면 약수의 개수는 2^3이 $1, 2^1, 2^2, 2^3$으로 4개이고, 3^2이 $1, 3^1, 3^2$의 3개이므로 $4\times 3=12$(개)가 나옵니다.

또한 72 약수의 총합은

$$(1+2^1+2^2+2^3)(1+3^1+3^2)=15\times 13=195$$

와 같이 구하면 됩니다.

약수와 배수에서 주의해야 할 사항이 몇 가지 있습니다.

① 0은 0을 제외한 모든 정수의 배수입니다. 이것은

$$0=(\pm 1)\times 0=(\pm 2)\times 0=(\pm 3)\times 0=\cdots$$

인 약수의 정의로부터 쉽게 알 수 있습니다. 또한 0을 제외한 모든 정수는 0의 약수라고 할 수 있습니다.

② 1은 모든 정수의 약수입니다. 이것은

$$\pm 1=(\pm 1)\times 1, \ \pm 2=(\pm 2)\times 1, \ \cdots$$

인 약수의 정의로부터 쉽게 알 수 있습니다. 또한 모든 정수는 1의 배수입니다.

③ $0=0\times 0=0\times(\pm 1)=0\times(\pm 2)=\cdots$과 같이 0을 나타낼 수 있으나 약수와

배수를 정의할 때, 「$a=b\times c$」에서 「$b\neq0$」으로 약속하였으므로 「0을 0의 배수」라고도 「0을 0의 약수」라고도 하지 않습니다.

④ 「$\dfrac{8}{5}=\dfrac{2}{5}\times4$」이지만 「$\dfrac{8}{5}$은 $\dfrac{2}{5}$의 배수」 또는 「$\dfrac{2}{5}$는 $\dfrac{8}{5}$의 약수」라고 말하지 않습니다. 왜냐하면 약수와 배수의 정의에서 a, b는 정수로 약속했기 때문입니다.

⑤ 6은 3의 배수이고 3은 6의 약수입니다. 또한 -6은 3의 배수이고, -3은 6의 약수입니다. 즉, 배수와 약수에서 음수를 제외시키지 않도록 주의해야만 합니다.

자! 그럼 지금부터 여러 시험에 자주 출제되고 있는 약·배수를 판별하는 방법에 대해 알아봅시다.

① 두 개의 연속한 정수의 곱은 반드시 2의 배수입니다.

왜냐하면 두 수 중 하나는 반드시 2의 배수이기 때문입니다. 또한 끝자리 수가 짝수인 정수도 반드시 2의 배수가 됩니다.

② 각 자리 수의 합이 3의 배수인 정수는 3의 배수입니다.

또한 각 자리 수의 합이 9의 배수인 정수는 9의 배수입니다. 예를 들어 세 자리수

$$100a+10b+c=99a+9a+a+b+c=9(11a+b)+(a+b+c)$$

이므로 $9(11a+b)$는 3과 9의 배수입니다. 따라서 $a+b+c$가 3의 배수이면 이 세 자리수는 3의 배수가 되고, 9의 배수이면 이 세 자리수는 9의 배수가 됩니다.

③ 끝의 두 자리수가 4의 배수인 정수는 4의 배수입니다.

예를 들어 네 자리수 $1000a+100b+10c+d$를 생각해 봅시다. $1000=4\times250$, $100=4\times25$이므로 백의 자리 수 이상은 반드시 4로 나누어 떨어집니다. 결국 끝의 두 자리수 $10c+d$가 4의 배수이면 이 네 자리수는 4의 배수가 됩니다.

④ 5의 배수는 당연히 끝자리의 수가 0 또는 5인 정수입니다.

⑤ 세 개의 연속한 정수의 곱은 6의 배수입니다.

연속한 정수의 세 개 중 하나는 3의 배수이고, 또한 세 개 중 하나는 2의 배수이

기 때문입니다. 그리고 일의 자리수가 2로 나누어 떨어지고(2의 배수), 각 자리수의 수의 합이 3으로 나누어 떨어지면(3의 배수) 이 수도 또한 6의 배수가 됩니다.

⑥ 뒤의 세 자리수와 앞의 두 자리수의 차가 7의 배수이면 7의 배수입니다.

$$143 \times 7 = 1001, \quad 1430 \times 7 = 10010$$

임을 알고

$$10^4 a + 10^3 b + 10^2 c + 10d + e$$

$$= (1430 \times 7 - 10)a + (143 \times 7 - 1)b + 10^2 c + 10d + e$$

$$= 7(1430a + 143b) + 10^2 c + 10d + e - (10a + b)$$

이므로, 뒤의 $10^2 c + 10d + e - (10a + b)$가 7로 나누어떨어지면 주어진 수는 7의 배수입니다.

⑦ 끝의 세 자리 수가 8의 배수이면 8의 배수입니다.

1000은 8로 나누어떨어지기 때문에 1000, 10000, …은 모두 8로 나누어떨어집니다. 그러므로 네 자리 이상의 수는 무시하고 아래의 세 자리 수가 8로 나누어떨어지는지에 대해서만 알아보면 됩니다.

⑧ 홀수 번째의 각 자리 숫자의 합과 짝수 번째의 각 자리 숫자의 합의 차가 11의 배수인 정수는 11의 배수입니다.

$$99 = 11 \times 9 \qquad (100 - 1)$$

$$9999 = 11 \times 909 \qquad (10000 - 1)$$

$$999999 = 11 \times 90909 \quad (1000000 - 1)$$

위와 같이 9가 짝수 번 연속되는 수는 11의 배수입니다. 또한

$$11 = 11 \qquad (10 + 1)$$

$$1001 = 990 + 11 \qquad (1000 + 1)$$

$$100001 = 99990 + 11 \quad (100000 + 1)$$

과 같이 첫자리 수와 끝자리 수가 1이고, 그 가운데 0이 짝수 번 연속되는 수는 모두 11의 배수입니다.

예를 들어

$$81829 = 8 \times 10000 + 1 \times 1000 + 8 \times 100 + 2 \times 10 + 9$$
$$= 8 \times (9999+1) + 1 \times (1001-1) + 8 \times (99+1) + 2 \times (11-1) + 9$$
$$= (8 \times 9999 + 1 \times 1001 + 8 \times 99 + 2 \times 11) + (8-1+8-2+9)$$

와 같이 나타내 보면, $(8 \times 9999 + 1 \times 1001 + 8 \times 99 + 2 \times 11)$은 11로 나누어 떨어집니다. 이때 다음의 식을 봅시다.

$$8-1+8-2+9 = (8+8+9) - (1+2) = 22$$

$(8+8+9) - (1+2)$는 11의 배수입니다. 그러므로 81829는 11로 나누어떨어집니다. 이를 일반화해 보면 다음과 같습니다.

$$abcde = a \times 10000 + b \times 1000 + c \times 100 + d \times 10 + e$$
$$= a \times (9999+1) + b \times (1001-1) + c \times (99+1) + d \times (11-1) + e$$
$$= (a \times 9999 + b \times 1001 + c \times 99 + d \times 11) + (a-b+c-d+e)$$

그러므로 위의 예와 마찬가지로 앞의

$$a \times 9999 + b \times 1001 + c \times 99 + d \times 11$$

은 11로 나누어떨어집니다. 결국 $(a+c+e) - (b+d)$가 11로 나누어 떨어지면 $abcde$는 11의 배수가 됩니다.

마당의 길이를 구하라

박사님이 루트에게 마당의 길이를 발걸음으로 구해보라고 시켰습니다. 루트는 마당에 발자국을 찍어서 거리를 구했지요. 박사님은 루트가 잰 마당의 길이를 확인하기 위해 루트가 출발한 방향과 장소를 동일하게 자신의 발걸음으로 걸었습니다. 몇 군데에서 두 사람의 발자국이 일치하였는데, 일치한 발자국을 하나로 치면 모두 61개였습니다. 박사님의 보폭은 72cm, 루트의 보폭은 54cm라고 할 때, 마당의 길이는 몇 m일까요?

풀 이

72와 54의 최대공약수는 18이므로 $72:54=4:3$

루트가 4보 걸었을 때의 거리와 박사님이 3보 걸었을 때 발자국이 일치합니다.

박사님이 3보(루트의 4보) 갔을 때에 최초의 발자국을 생각하지 않으면

$6(=4+3-1)$개의 발자국이 남습니다.

$(61-1) \div 6 = 10$

이므로 박사님의 3보의 거리와 같은 10개의 선분의 길이가 마당의 길이입니다.

즉, 마당의 길이는 $0.72 \times 3 \times 10 = 21.6\,(\text{m})$ 입니다.

옳은 계산을 한 학생을 찾아라

A, B, C, D, E 5명의 학생에게 자신이 좋아하는 네 자리의 수를 쓰도록 했습니다. 5명이 각각 적은 숫자에서 천의 자리수를 일의 자리수로 옮깁니다. 그리고 먼저 적은 숫자와 새로 만든 이 두 수를 더하였습니다. 5명의 계산 결과가 다음과 같습니다. 옳게 계산을 한 학생은 누구일까요?

A:5046   B:1727   C:6768   D:10121   E:12264

풀이

네 자리의 수 $\boxed{x}\;\boxed{y}$ 를 $1000x + y$라 합시다. 왼쪽 끝의 수를 오른쪽 끝으로 옮기면 $\boxed{y}\;\boxed{x}$ 즉, $10y + x$가 됩니다. 그래서 다음과 같은 식이 성립됩니다.

$$(1000x + y) + (10y + x) = 1001x + 11y = 11(91x + y)$$

이로부터 옳은 계산을 한 학생의 수는 11의 배수이어야 합니다.

그런데 11의 배수 판별법에 의하면 홀수 번째의 각 자리 숫자의 합과 짝수 번째의 각 자리 숫자의 합의 차는 11의 배수이어야 합니다. 이것을 만족하는 수는 1727뿐이므로 B 학생이 옳게 계산한 것입니다.

네 개의 소수

네 개의 양의 정수 $A, B, A-B, A+B$는 모두 소수라고 할 때, 이 네 수의 합을 구하여 보세요.

풀이

소수 중에는 2가 유일한 짝수이고, 모두 홀수임을 염두에 두고 문제를 풀면 쉬워집니다.

$A-B$와 $A+B$는 모두 소수인 두 수의 합과 차를 나타내며 모두 소수이므로 홀수입니다. 따라서 A 또는 B 둘 중의 하나는 홀수이고, 다른 하나는 짝수입니다.

또, $A-B < A < A+B$ 이므로 A는 홀수인 소수이어야 합니다. 그러므로 B는 유일한 짝수 소수인 2입니다.

$A-2, A, A+2$는 연속하는 홀수 소수로서 각각 $3, 5, 7$이 됩니다. 따라서 네 소수의 합은 $2+3+5+7=17$로 소수입니다.

금고의 비밀번호를 찾아라

어느 도둑이 아들에게 은행 금고번호를 유언으로 남기고 죽었습니다.

"비밀번호의 각 자리수의 합은 9이며, 각 자리수의 제곱의 합은 30과 40사이의 수이다. 그리고 세제곱의 합은 비밀번호와 같은 수이다."

과연 아들은 금고 비밀번호를 알아냈을까요?

(단, 비밀번호는 각 자리가 자연수인 세 자리수입니다.)

풀 이

각 자리수를 a, b, c라 하면

$$a+b+c=9, \ 30 < a^2+b^2+c^2 < 40$$

이므로 a, b, c 중 가장 큰 수는 4 또는 5입니다.

(만약 $a=6, b=2, c=1$이면 $a^2+b^2+c^2=36+4+1>40$이므로)

두 조건을 만족하는 가능한 세 수의 쌍은

$$(5, \ 3, \ 1), \ (5, \ 2, \ 2), \ (4, \ 4, \ 1) \ \text{입니다.}$$

세 제곱의 합을 계산해 보면

$$5^3+3^3+1^3=153, \ 5^3+2^3+2^3=141, \ 4^3+4^3+1^3=129\text{가 됩니다.}$$

따라서 비밀번호는 153입니다.

가장 작은 소수를 찾아라

네 개의 소수로부터 소수를 2개씩 뽑아 더했습니다. 그랬더니 32, 50, 54, 56, 60, 78이 되었습니다. 이 네 개의 소수 중에서 최소의 수를 찾아 보세요.

풀이

네 개의 소수를 x, y, z, u $(x < y < z < u)$ $\cdots$ ㉮라고 하면

$$x+y < x+z < \begin{cases} x+u \\ y+z \end{cases} < y+u < z+u$$

이므로 $x+y=32$입니다. 그리고 ㉮에서 $x<16$임을 알 수 있습니다.

그런데 x는 소수이므로 $x=2, 3, 5, 7, 11, 13$ 이 중 y도 소수가 되는 것은

$(x,\ y)=(3,\ 29)$, $(13,\ 19)$입니다. $x=3$일 때, $x+z=50$에서 $z=47$이 됩니다.

이것은 $z+u=78$, $z<39$ (또는 $y+z=54$ 또는 56)의 조건을 만족시키지 않습니다.

따라서 $(x,\ y)=(13,\ 19)$ $\therefore$ 최소값은 13 입니다.

6자리 정수

$\{1,\ 2,\ \cdots,\ n\}$의 원소를 한 번씩 사용하여 만든 n자리의 정수 중에서 왼쪽 k자리의 수가 k로 나누어지는 것을 생각합시다. 예를 들면, 321은 $\{1,\ 2,\ 3\}$으로 이루어진 3자리의 수입니다. 왼쪽 1자리의 수 3은 1로 나누어지고, 2자리의 수 32는 2로 나누어지고, 다음 3자리의 수 321은 3으로 나누어집니다. $n=6$일 때, 이와 같은 규칙을 만족하는 6자리의 정수는 몇 개일까요?

풀 이

다섯 번째 수는 반드시 5이어야 하고 두 번째, 네 번째, 여섯 번째 수는 반드시 짝수이어야 합니다. 따라서 남은 홀수 1과 3은 첫 번째 수와 세 번째 수입니다. 그리고 앞의 세 자리 정수가 3의 배수이어야 하므로 각 자리의 수의 합은 3의 배수입니다. 그렇다면

$$1+2+3=6,\ 1+4+3=8,\ 1+6+3=10$$

이므로 두 번째 수는 2입니다. 앞의 네 자리 정수를 결정해보면 1234, 3214는 4의 배수가 아니므로 네 번째 수는 6입니다. 그러므로 마지막으로 남은 4는 여섯 번째 수이며 모든 조건을 만족합니다.

이상으로부터 만들어지는 수는 123654, 321654의 2가지이고, 6의 배수를 만족합니다.

완전수를 찾아라

1은 포함하지만 자기 자신은 포함하지 않는 약수 전체의 총합이 자기 자신과 같은 자연수를 완전수라고 합니다. p, q가 서로 다른 소수일 때, 다음 물음에 답해봅시다.

(1) pq의 약수를 모두 쓰세요.

(2) pq인 형태의 완전수는 6뿐입니다. 이를 증명하세요.

(3) p^2q인 형태의 완전수를 구하세요.

풀 이

(1) $1, \ p, \ q, \ pq$ 이렇게 총 4개가 있습니다.

(2) 완전수이므로 $1+p+q=pq, \ pq-q-p-1=0, \ (p-1)(q-1)=2$

   $p>q\geqq2$로 하면 되므로 $p-1>q-1\geqq1$　　$\therefore \ p-1=2, \ q-1=1$

   $\therefore p=3, \ q=2$　$\therefore pq=6$

   $\therefore$ 완전수는 6뿐입니다.

(3) 완전수이므로 $1+p+q+p^2+pq=p^2q, \ (p^2-p-1)q=p^2+p+1$

   $\therefore q=\dfrac{p^2-p-1+2(p+1)}{p^2-p-1}=1+\dfrac{2(p+1)}{p^2-p-1} \ \cdots ①$

   $\dfrac{2(p+1)}{p^2-p-1}$는 분모, 분자 모두 양으로 $\dfrac{2(p+1)}{p^2-p-1}\geqq1 \ (\because \ q\geqq2)$

   $\therefore \ p^2-p-1\leqq2p+2$　$\therefore \ p^2-3p\leqq3$　$\therefore \ p(p-3)\leqq3$

   $p=2, 3$만 해당됩니다. 그렇다면 ①에 대입하여 q가 정수인 것은 $p=2$일 때, $q=7$

   $\therefore$ 구하는 완전수는 28입니다.

여러 가지 수

완전수

약수의 합이 자기 자신과 같은 수를 완전수라고 합니다. 여기서 자기 자신은 약수에서 제외합니다.

$$6=1+2+3$$

$$28=1+2+4+7+14$$

예를 들어 6, 28, 496, 8128, 33550336, 8589869056은 모두 완전수입니다.

완전수는 0과 10억 사이에 불과 6개, 그야말로 신(神)과 같은 수입니다. 이렇게 거의 나타나지 않는 완전수를 만드는 방법을 알아봅시다.

1부터 시작해서 크기가 2배 되는 수를 계속해서 나열합니다. 그 수들의 합이 소수가 될 때, 이 합에 해당하는 수와 나열된 수 중의 맨 마지막 수와 곱하면 그 합이 완전수가 됩니다.

$$1+2=3 \qquad 2\times3=6$$

$$1+2+4=7 \qquad 4\times7=28$$

$$1+2+4+8+16=31 \qquad 16\times31=496$$

부족수

어떤 수가 자신을 제외한 나머지 약수끼리의 합보다 큰 수를 부족수라 합니다.

예를 들어 8의 약수는 1, 2, 4, 8입니다. 약수 중 8을 제외한 나머지 약수의 합 $1+2+4<8$ 이므로 8은 부족수입니다.

과잉수

어떤 수가 자신을 제외한 약수끼리의 합보다 작은 수를 과잉수라 합니다.

예를 들어 12의 약수는 1, 2, 3, 4, 6, 12입니다.

약수 중 12를 제외한 나머지 약수의 합 $1+2+3+4+6>12$ 이므로 12는 과잉수입니다.

친화수

두 수가 서로의 약수의 합이 되는 수를 친화수라 합니다.

예를 들어 220과 284는 친화수가 됩니다.

220의 약수는 1, 2, 4, 5, 10, 11, 20, 22, 44, 55, 110인데, 이 약수들의 합은 284입니다. 또한 284의 약

수는 1, 2, 4, 71, 142이며 이 약수들의 합은 220이 됩니다.

이러한 두 수 220과 284은 친화수입니다.

어때요? 친화수란 참 신기하죠?

친화수는 피타고라스 학파가 발견하였습니다.

여러 수학자가 친화수에 대해 연구하였는데, 1636년 페르마가 17296과 18416의 친화수 한 쌍을 발견하였고, 3년 후 프랑스의 데카르트가 세 번째 쌍을 발표하였습니다. 오일러는 친화수에 대한 체계적인 연구에 착수하여 1747년 무려 30쌍을 한꺼번에 발표했으며 그 후 60쌍 이상의 친화수를 발견했습니다. 특히, 친화수 발견에 있어 놀라운 사건은 1866년 이탈리아의 16세 소년인 파가니니가 그동안 발견하지 못한 채 빠져 있었던 작은 친화수 1184와 1210의 쌍을 발견한 것입니다.

현재 10억 보다 작은 모든 친화수의 쌍이 발견되었습니다.

쌍둥이 소수

두 수의 차가 2인 소수의 쌍, 즉 $(p, p+2)$인 관계가 있을 때 p와 $p+2$를 '쌍둥이 소수'라고 합니다.

$(2, 3)$의 경우를 제외하고는 두 소수의 차는 2이상입니다.

쌍둥이 소수의 예에는 $(5, 7), (11, 13), (821, 823)$ 등이 있습니다. 작은 순서대로의 쌍둥이 소수 35쌍은 다음과 같습니다.

$(3, 5), (5, 7), (11, 13), (17, 19), (29, 31), (41, 43), (59, 61), (71, 73), (101, 103),$
$(107, 109), (137, 139), (149, 151), (179, 181), (191, 193), (197, 199), (227, 229),$
$(239, 241), (269, 271), (281, 283), (311, 313), (347, 349), (419, 421), (431, 433),$
$(461, 463), (521, 523), (569, 571), (599, 601), (617, 619), (641, 643), (659, 661),$
$(809, 811), (821, 823), (827, 829), (857, 859), (881, 883)$

세 쌍둥이 소수

세 쌍둥이 소수는 $(3, 5, 7)$ 뿐입니다.

사촌 소수

두 소수의 차가 4인 소수의 쌍, 즉 $(p, p+4)$입니다. 그 예로는 $(19, 23), (37, 41)$이 있습니다.

3 여러 가지 기수법

한 괴짜 수학자의 서랍 속에서 다음과 같은 이상한 이력서가 나왔습니다.

저는 태어난 지 44년 만에 대학을 졸업했습니다. 1년이 지난 뒤 100살의 젊은이는 34살의 아가씨와 결혼했습니다. 그렇게 크지 않은 나이 차이(겨우 11살 차이)가 생긴 이유는 관심사와 목표가 같았기 때문입니다. 몇 년이 지나 우리 가족은 아이가 10명인 작은 가족이 되었습니다. 내 월급은 200루블인데 $\frac{1}{10}$ 은 여동생에게 주어야 했습니다. 결국 우리는 아이들과 함께 130루블로 한 달을 살아야 했습니다.

이런 말도 안 되는 이력서를 어떻게 이해해야 할까요? '태어난지 44년에 1년이 지났는데 100살이라니…….' 바로 이 문장 속에 이 이력서의 비밀의 단서가 숨어있습니다. 44에 1을 더했을 때 100 즉, 한자리가 더 생겼다는 것은 이 기수법에서 4가 가장 큰 수라는 뜻입니다. 9가 10진법에서 가장 큰 수이므로 1을 더하면 한자리씩 올라가는 것처럼 말이죠.

따라서 이력서는 5진법에 따라 쓰여진 것입니다. 5진법은 5개씩 모일 때마다 자리가 하나씩 올라가는 기수법입니다. 제일 오른쪽 숫자가 일의 자리입니다. 오른쪽에서 두 번째 수는 십의 자리가 아닌 5의 자리가 됩니다. 그래서 $25(=5^2)$, $125(=5^3)$, … 과 같이 자리의 값이 변합니다. 예를 들어 오진수 $44_{(5)}$는 $4 \times 5 + 4$ 즉, 24를 의미합니다.

이와 같이 이력서에 나온 수를 모두 바꾸어 다시 작성해보면 다음과 같이 그저 평범한 한 청년의 이력서임을 알 수 있습니다.

각 기수법에서 어떤 숫자가 가장 큰 단위 수인지 아는 것은 어렵지 않습니다. 예를 들면 10진법에서는 9, 6진법에서는 5, 3진법에서는 2, 15진법에서는 14가 가장 큰 단위 수입니다. 또한 10진법에서는 숫자 열 개가 필요하고($0, 1, 2, 3, 4, 5, 6, 7, 8, 9$), 5진법에서는 다섯 개($0, 1, 2, 3, 4$), 3진법에서는 세 개($0, 1, 2$), 2진법에서는 두 개 ($0, 1$)의 숫자만 필요합니다.

그러면 1진법이 존재할까요? 물론입니다. 이 기수법에서는 오직 숫자 하나만 필요합니다. 1진법의 수는 앞자리 수의 숫자 1이 뒷자리 수 숫자 1보다 한 배 더 큰 수입니다. 즉, 1진법의 수는 모든 자리 수의 숫자가 똑같은 의미를 갖습니다. 수가 발명되기 이전에 사람들은 물건의 개수만큼 선으로 표시하는 것과 똑같은 의미를 갖습니다. 따라서 1진법에서는 다른 기수법의 가장 큰 특징인 위치에 따라 숫자가 다른 값을 갖는다는 특징이 없습니다.

2진법의 오른쪽에서 세 번째 수는 첫 번째 수보다 값이 4배(2×2) 더 크고, 다섯 번째 수는 16배 ($2 \times 2 \times 2 \times 2$)가 되지만, 1진법에서는 두 번째, 세 번째, …, 모두 첫 번째 수와 값이 같습니다.

따라서 1진법에서 수를 나타내기 위해서는 수만큼의 표시가 필요합니다. 물건 100개를 표시하기 위해 100개의 수가 필요하지요. 그러나 2진법에서는 일곱 개의 수(1100100)만 있으면 되고, 5진법에서는 세 개의 수(400)만 있으면 됩니다.

이런 이유로, 1진법을 기수법이라 하기 어렵습니다. 1진법은 다른 기수법과 달리 전혀 경제적이지 않기 때문에 다른 기수법과 어깨를 나란히 할 수 없습니다. 그래서 가장 간단한 기수법은 0과 1을 사용하는 2진법이라 할 수 있습니다. 2진법에서는 0과 1로 모든 수를 표현할 수 있습니다.

만약 우리가 2진법을 사용한다면 표현된 수가 너무 길게 나오므로 불편합니다. 그러나 2진법은 덧셈과 뺄셈을 매우 간단하게 처리하는 장점이 있기 때문에 컴퓨터 계산은 2진법을 사용하고 있습니다.

16은 짝수일까요? 홀수일까요? 이제 우리는 간단히 짝수라고 대답할 수 없습니다. 왜냐하면 16을 표기한 기수법이 무엇이냐에 따라 달라지기 때문입니다. 만약 16이 7진법에 따른 수라면 $16_{(7)} = 1 \times 7 + 6 = 13$이므로 홀수입니다.

그러므로 "일의 자리수가 짝수이면 그 수는 짝수이다"라는 판별법은 10진법과 같은 짝수 진법에서만 의미가 있습니다.

그렇다면 홀수 진법에서는 짝수를 어떻게 판별할 수 있을까요? 예를 들어 p진법 136을 살펴봅시다. (단, p는 홀수입니다.)

$$136_{(p)} = 1 \times p^2 + 3 \times p + 6$$
$$= (\text{홀수}) + (\text{홀수}) + (\text{짝수})$$
$$= (\text{짝수})$$
$$1 + 3 + 6 = 10 = (\text{짝수})$$

이렇듯 홀수 진법의 수는 각 자리수의 숫자의 합이 짝수이면 짝수가 됩니다.

진법에 따라 지금까지 10진법에서 생각하던 수들의 특성과는 다른 특성들을 보입니다. 이런 다양한 진법 중 10진법을 택하여 사용한 이유는 무엇일까요? 그 이유는 바로 우리가 가진 손가락이 열 개이기 때문입니다.

몇 진법으로 표현된 경우일까요?

다음과 같은 계산 결과가 적힌 종이를 발견하였습니다. 얼핏 보기에 모두 틀린 계산이라 생각하겠지만, 모두 옳은 계산이라고 합니다. 이 계산 결과는 몇 진법의 수를 사용하여 표기한 것일까요?

(1) $2 \times 2 = 100$

(2) $2 \times 2 = 11$

(3) 10은 홀수이다

(4) $2 \times 3 = 11$

(5) $3 \times 3 = 14$

 풀 이

(1) $2 \times 2 = 4$입니다. $4 = 2^2$이므로 이진법의 수로 나타내면 $100_{(2)}$가 됩니다.   ∴ 이진법

(2) $4 = 3 \times 1 + 1$이므로 3진법의 수로 나타내면 $11_{(3)}$이 됩니다.   ∴ 삼진법

(3) 10은 각 자리수의 합이 홀수이므로 $3, 5, 9$진법 등 홀수 진법일 때에 그렇습니다.

   ∴ 홀수 진법

(4) $2 \times 3 = 6$입니다. $6 = 5 \times 1 + 1$이므로 5진법의 수로 나타내면 $11_{(5)}$가 됩니다. ∴ 오진법

(5) $3 \times 3 = 9$입니다. $9 = 5 \times 1 + 4$이므로 5진법의 수로 나타낸 것입니다. ∴ 오진법

생일 알아맞히기

만 23세의 은선이의 생일은 5월 18일이라고 합니다. 은선이의 생일과 나이를 모르는 해랑이는 다음과 같은 계산을 하여 두 가지 모두 알아맞혔습니다.

> 태어난 달에 100을 곱합니다. 거기에 태어난 날짜를 더합니다. 나온 수를 두 배로 한 뒤 8을 더합니다. 이렇게 나온 수에 5를 곱한 뒤 4를 더합니다. 그런 후 다시 10을 곱한 뒤 4를 더합니다. 여기에 은선이의 나이를 더합니다.

해랑이는 위의 계산을 통해 나온 답에서 444를 뺐습니다. 그러자 은선이의 생일과 나이가 정확하게 나왔습니다. 어떻게 한 것일까요?

풀이

태어난 달을 m, 태어난 날짜를 t, 나이를 n이라 하고, 해랑이가 말한 방법대로 계산을 하여 봅니다.

$$\left[\,[\{(100m+t)\times 2+8\}\times 5+4]\times 10+4\,\right]+n-444$$

$=10000m+100t+n$ 이 됩니다. 따라서 $m=5, t=18, n=23$을 대입하면

$10000\times 5+100\times 18+23=51823$

이것을 뒤에서 두 자리씩 끊어 읽으면, 5월 18일, 23세가 정확히 나옵니다.

4×4 정사각형이 나타내는 숫자

자연수 1~9를 다음 그림과 같이 4×4 정사각형에 표시하였습니다.

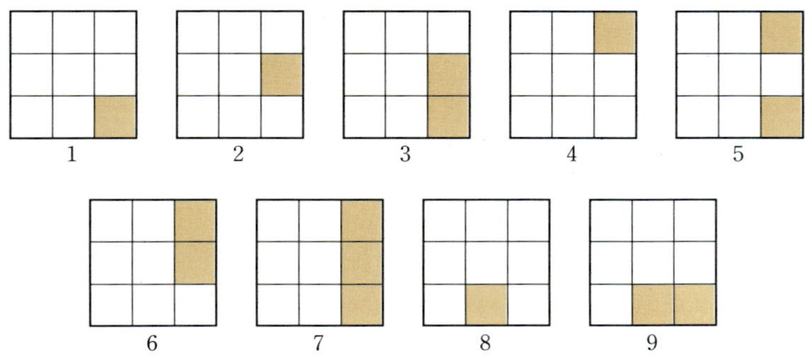

이때, 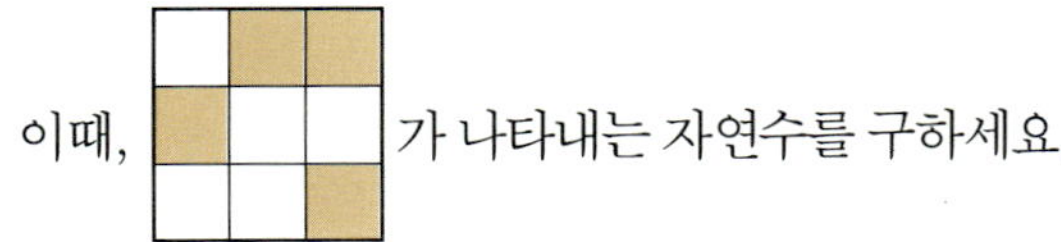 가 나타내는 자연수를 구하세요.

풀이

이진법의 기수법을 사용하여 나타낸 것입니다.

검은 부분이 1, 흰 부분이 0이고, 왼쪽 위에서 차례로 아래로 읽어갑니다.

예를 들면, $\Rightarrow 1001_{(2)} = 9$

구하려 하는 그림을 이런 식으로 읽으면 $10100101_{(2)}$ 이므로 그 값은 165입니다.

금고를 열어라

금고 번호를 오진법으로 나타내면 $CDE_{(5)}$라고 합니다. 이 번호에 대한 힌트로 "오진법의 수 $ADE_{(5)}$, $ADC_{(5)}$, $AAB_{(5)}$는 순서대로 1씩 증가하는 세 정수이다"가 주어져 있습니다. 이 금고의 번호는 얼마일까요?

풀　이

오진법의 수들이므로 A, B, C, D, E는 0부터 4까지 자연수 중 하나입니다.

$ADC_{(5)}+1=AAB_{(5)}$에서 두 번째 자리가 B에서 A로 변했으므로 $C+1$에서 올림이 있었습니다. 따라서 $C=4$입니다.

그래서 $C+1=5=10_{(5)}$되고, $B=0$입니다.

그렇다면 $ADE_{(5)}+1=ADC_{(5)}$에서 $C=4$이므로 $E=3$이 됩니다.

또, $ADC_{(5)}+1=AAB_{(5)}$에서 $D+1=A$이므로 $D=1$, $A=2$가 됩니다.

따라서 $CDE_{(5)}=413_{(5)}=4\cdot 5^2+1\cdot 5+3=108$입니다.

진법끼리의 커뮤니케이션

a진법으로 47인 수를 b진법으로 나타내보니 74였습니다.

$a,\ b$가 자연수일 때, $a+b$의 최소값은 얼마일까요?

풀이

사용된 수 중 최고수가 7이므로 $a,\ b$는 모두 7보다 큽니다.

$$47_{(a)}=4a+7,\ \ 74_{(b)}=7b+4 \ \text{이므로},$$

$$4a+7=7b+4 \quad \therefore 7b-4a=3 \cdots ①$$

①을 만족하는 최초의 자연수는 $a=1$, $b=1$이므로 임의의 정수 t에 대하여 $(a,\ b)$ $=(1+7t,\ 1+4t)$의 꼴로 나타낼 수 있습니다. 또한, $a\geq8$, $b\geq8$ 이므로 t의 최소값은 2입니다.

따라서 $(a,\ b)=(15,\ 9)$ $\therefore a+b=24$

계단으로 표현한 수

다음 그림과 같이 어떤 규칙에 따라 수를 나타내어봅시다.

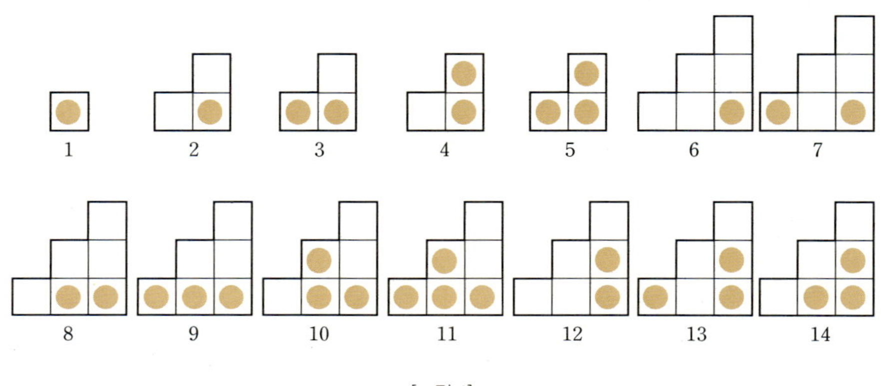

[그림 1]

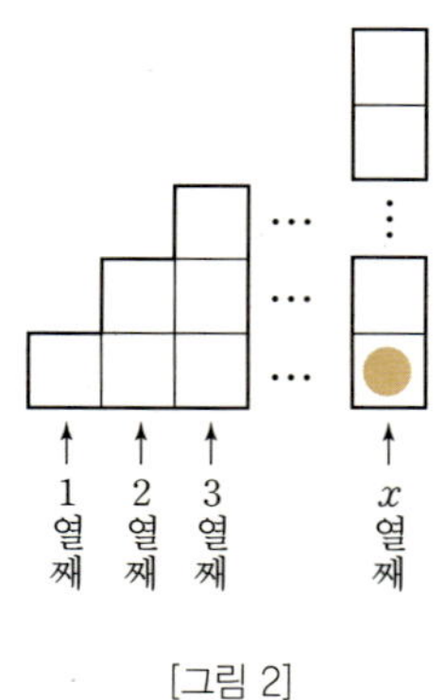

[그림 2]

[그림 2]에서와 같이 x열째에만 ●이 한 개 들어 있는 그림은 어떤 수를 나타내는지 밝히고, 이를 이용하여 2008을 동일한 방식으로 표현해 보세요.

● 한 개가 나타내는 크기는 다음과 같습니다.

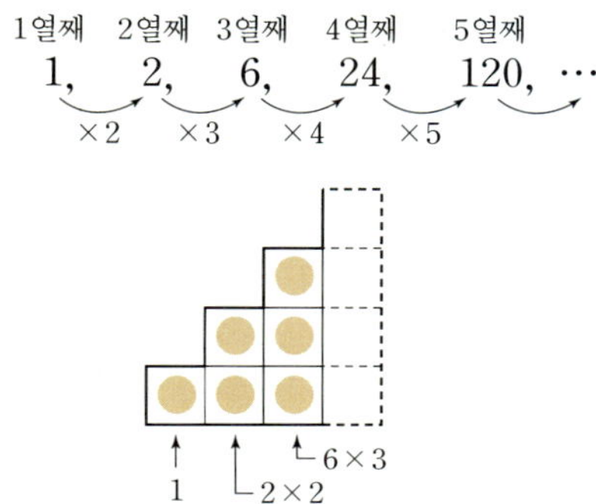

또한 화살표의 곱셈이 규칙입니다.

2열째의 한 개는 짝수를 나타내므로 ●가 들어가도 모두 짝수를 나타냅니다. 이것에 1열째의 1을 더하면 홀수가 됩니다. 같은 방법으로 3열째부터 오른쪽은 어떤 ●한 개라도 6의 배수를 나타냄을 알 수 있습니다. 그러므로

2열째의 2는 1×2

3열째의 6은 $1 \times 2 \times 3$

이라는 법칙에 의해

n 열째는 $1 \times 2 \times 3 \times \cdots \times n = n!$

을 나타냅니다.

그럼 이번에는 2008을 나타내어봅시다.

$$2008 = 2 \times 720 + 4 \times 120 + 3 \times 24 + 2 \times 6 + 2 \times 2$$

$$= 2 \times 6! + 4 \times 5! + 3 \times 4! + 2 \times 3! + 2 \times 2! \ \text{이므로}$$

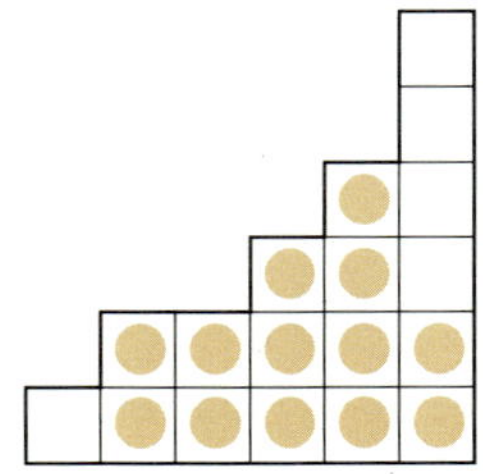

예를 들면 4열째의 ● 한 개는 아래 그림과 같이 생각하면 3열째의 ● 네 개 뿐임을 알 수 있습니다. (어두운 부분에서 차례로 끌어 올림)

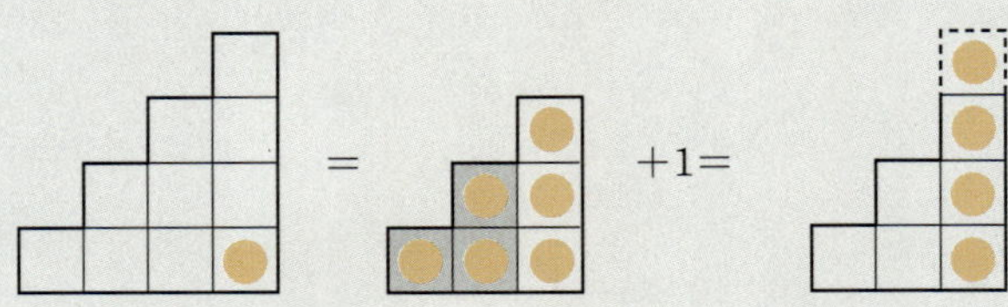

외계인의 신호

지구의 메시지를 외부세계로 보내는 일이 진행되고 있습니다. 1820년에 독일의 수학자 칼 가우스는 외계인에게 신호를 보내는 여러 가지 방법을 제안하였습니다. 시베리아 벌판에 보리를 기하학적 도형(피타고라스의 도형)이 나타나도록 심는다든가, 사하라 사막에 구덩이를 파고 불을 질러서 외계인이 볼 수 있게 한다든가, 아니면 대형거울을 북두칠성 모양으로 배치하여 목표가 되는 방향으로 반사시키는 방법들이었습니다.

1899년에는 미국의 전기공학자 니콜라테스라가 우주로 의도적인 전파를 보내기 위해 콜로라도주의 스프링스에 거대한 무선 송수신기를 건설하기도 하였습니다.

1972년과 73년에 쏘아올린 무인탐사선 파이어니어 10, 11호에는 '코스모스'의 저자인 칼 세이건의 아이디어로 우주인에게 보내는 그림엽서가 알루미늄판에 새겨졌습니다. 칼 세이건의 아내 린다가 그렸다고 하는 이 그림엽서에는 남녀 나체상과 태양계속에서의 탐사선 궤도, 수소의 원자구조 등이 그려졌습니다.

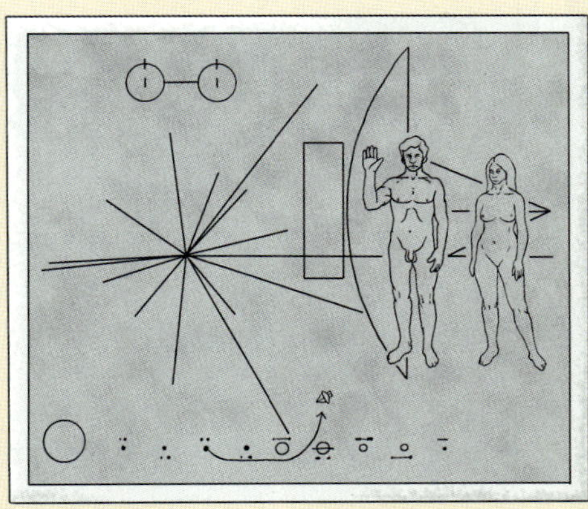

우주인에게 보내는 그림엽서

1974년 11월 16일에는 푸에르토리코의 북쪽 해안에 있는 지상최대 전파망원경인 (직경 약 305m) 아레시보망원경이 정상가동된 날을 기념하여 외계로 메시지를 송신했습니다. 이것을 'SETI(search for extraterrestrial intelligence, 지구 밖 문명 탐사)라고 합니다. SETI는 약 2만 5천 광년 떨어져 있고, 지구가 속해 있는 은하계 내의 나이든 별들이 밀집해 있는 곳 즉, 헤르쿨레스자리 구상성단 M13을 향해서 0과 1로의 조합으로 된 총 1679개의 메시지(아레시보 성간 메시지)를 2380MHz로 약 3분간 보냈습니다. 그 신호에는 다음의 내용이 담겨있습니다.

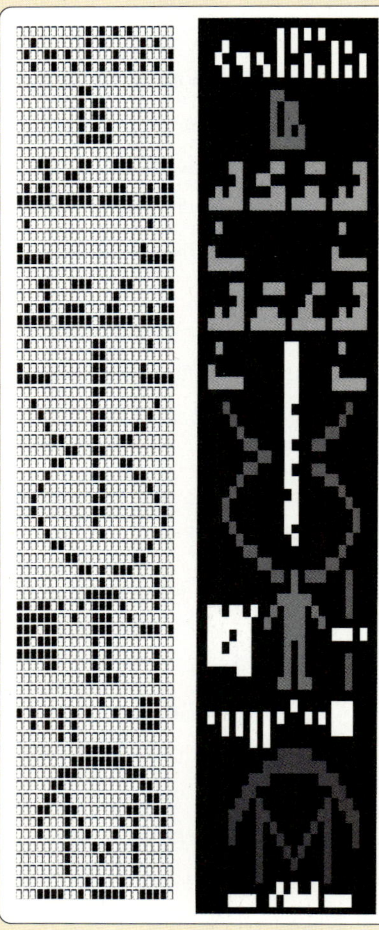

아레시보 성간 메세지

① 숫자 1~10의 표현

② 생명의 필수원소 5가지 원소(수소, 탄소, 질소, 산소, 인)의 원자번호

③ 사용하는 DNA 뉴클레오티드 정보 (분자식)

Deoxyribose, Thymine, Adenine,
  (C_5OH_7) $(C_5H_5N_2O_2)$ $(C_5H_4N_5)$

Deoxyribose, Phosphate, Phosphate.
  (C_5OH_7) (PO_4) (PO_4)

Deoxyribose, Guanine,   Cytosine,
  (C_5OH_7) $(C_5H_4N_5O)$ $(C_4H_4N_3O)$

Deoxyribose.
  (C_5OH_7)

Phosphate, Phosphate.
  (PO_4) (PO_4)

④ DNA 이중나선구조, 사람의 세포에 들어 있는 염기쌍의 수 (30억으로 나타냄)

⑤ 인간에 대한 묘사 (인구 40억, 모습, 키 176cm)

⑥ 태양계의 구조

⑦ 아레시보 전파망원경에 대한 내용 (모습, 직경 305m)

그 후 1977년, 미국의 무인우주탐사선인 보이저호에는 LP레코드판이 실렸습니다. 이 레코드판에는 파도소리, 개구리소리, 아기울음소리, 각국의 국가, 베토벤의 운명교향곡, 바하의 브란덴부르크 협주곡 등 지구의 다양한 소리가 녹음되어 있었습니다.

왜 SETI는 1679개의 문자를 이진수로 보냈을까요? 위 그림을 이용하여 5번 영역의 인간의 키 (176.4cm)에 대한 메시지 즉, 이진수 표현을 찾아서 그 숫자가 나오게 된 과정을 알아보고, 메시지가 전달하려는 내용을 살펴봅시다.

자연의 여러 현상을 기술하는 기본언어는 수입니다. 그리고 수를 표현할 수 있는 가장 단순한 언어는 2진법이며, 2진법은 지금의 컴퓨터에도 기본적인 언어로 되어 있습니다. 만약 2만 5천 광년 너머에 지적 생명체가 살고 있다면 언어를 사용할 것입니다. 물론 우리와 소통법이 다르겠지만 기본적으로 숫자나 2차원적인 평면을 이용하면 공통적인 요소를 찾을 수 있다고 판단하여 1679개의 신호를 보냈습니다. 1679라는 숫자는 두 개의 소수 즉, 23과 73으로 만들 수 있는 유일한 숫자입니다. 이를 1차원적으로 늘여서 직선화된 메시지보다는 2차원적인 평면(23×73)에 메시지를 담아 보냈던 것입니다. 그리고 '0'과 '1'로 된 메시지 중에서 '1'로 표시되는 부분을 검게 표시할 경우 특정한 모양이 나타나도록 고안하였습니다.

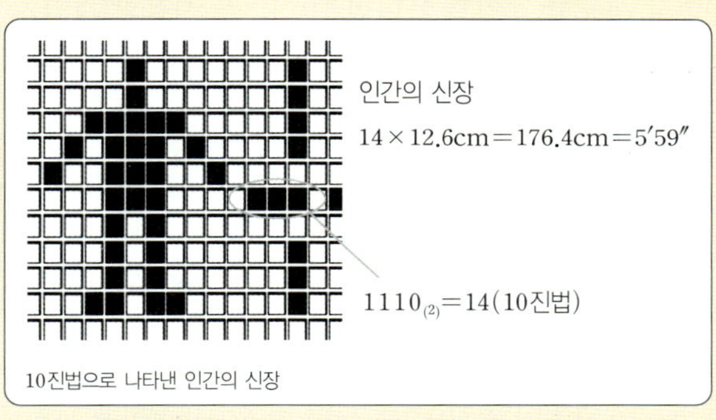

10진법으로 나타낸 인간의 신장

우리가 지구상에서 사용하는 수의 단위들을 살펴봅시다. 예를 들어, 센티미터(cm), 피트(feet), 10진법과 같은 단위로는 외계인과 대화할 수 없을 것입니다. 따라서 SETI는 1679라는 숫자를 사용했고 또한 외계 생명체들도 이 유일한 숫자를 사용할 것이라고 가정한 것입니다. 그림에서 인간의 신장을 나타내는 부분에는 2진법으로 1110이라는 메시지를 넣었고 이는 10진법으로는 14단위를 의미합니다.

이 메시지는 2380MHz로 주파수로 전송되었습니다. 전파의 전송속도(30만km/s)를 주파수로 나누면 1파장의 길이가 12.6cm라는 길이가 되므로 인간의 키가 176.4cm라는 의미도 포함됩니다. 이때 약 3분간에 걸쳐 불규칙적인 신호를 보냈는데, 우리가 생명을 가진 존재라는 것을 알리기에는 부족하다고 볼 수 있습니다. 왜냐하면 인위적인 활동의 결과라는 의미로 제시된 처음의 수는 생물에나 무생물에나 골고루 적용되기 때문입니다.

2진법 다음의 내용은 1,6,7,8,15라는 숫자로 각각의 생명에 필수적인 수소, 탄소, 질소, 산소, 인을 나타내는 원자 번호입니다. 이미 머나먼 별에서 나오는 스펙트럼 분석에서 같은 성분 원소가 있다는 것을 확인했기 때문에 그 곳에서도 같은 생명체가 발생했다고 가정한 것입니다. 그래서 생명의 기본적인 주요 성분 원소도 수소, 탄소, 질소, 산소, 인의 5가지 원소를 바탕으로 삼아 원자 번호를 보냈습니다. 이들의 화학 결합을 통해 만들어진 네 가지 염기(아데닌, 티민, 구아닌, 시토신)를 생명의 기본 코드로 삼은 것입니다. 이중 나선 구조의 DNA에 30억 개의 염기쌍으로 유전 정보를 기록해서 생명을 영위하는 키 176.4cm 인구 40억 명이 있으며 태양계의 셋째 행성인 지구에 살고 있는 존재로 신호를 보내는 아레시보 천문대의 전파망원경의 305m크기의 전파 망원경 모습을 알린 것입니다.

4 인류는 왜 10진법을 선택했을까?

먼 옛날 수학자들은 12진법을 사용할 것인지 아니면 10진법을 사용할 것인지 많은 고민을 했습니다. 고대 동양의 문명 민족, 바빌론인의 조상 수메르인들은 12진법을 택해 사용했었습니다.

우리는 현재 10진법을 선택하여 사용하고 있지만 아직도 여러 분야에서 12진법의 흔적을 찾을 수 있습니다. 유럽 사람들의 다스(연필이나 볼펜은 현재에도 포장 단위가 6, 12, 24개로 되어있습니다)에 대한 애착, 하루가 2다스의 시간($=12 \times 2 = 24$)인 것, 한 시간은 5다스의 분 $\left(= \dfrac{1}{5 \times 12} = \dfrac{1}{60} \right)$, 1분은 5다스의 초, 1피트가 12인치인 것 등이 그 예입니다.

12진법과 10진법의 경쟁 속에 10진법이 이긴 것은 우리에게 좋은 것일까요? 물론 수 10진법의 가장 큰 옹호자는 손가락 열 개입니다. 손이 아니었다면 10진법은 12진법에게 자리를 내주었을 것입니다. 사실 10진법보다 12진법 계산이 훨씬 더 편리합니다. 10은 2와 5로만 나누어지지만 수 12는 2, 3, 4, 6으로 나누어집니다. 10을 나눌 수 있는 수는 두 개지만 12를 나눌 수 있는 수는 네 개이기 때문이지요.

0으로 끝나는 12진법 수는 2, 3, 4, 6의 배수입니다. 그리고 두 개의 0으로 끝나면 12진법의 수는 144의 약수로 나누어집니다. 즉, 10진법에서 두 개의 0으로 끝나는 수를 나눌 수 있는 수는 모두 여덟 개 (2, 4, 5, 10, 20, 25, 50, 100)인데 비해 12진법에서는 열네 개(2, 3, 4, 6, 8, 9, 12, 16, 18, 24, 36, 48, 72, 144)가 됩니다.

이번에는 분수를 소수로 표현할 때의 편리성에 대해 생각해 봅시다. 10진법의 수에서는 분모를 소인수 분해했을 때, 소인수를 2와 5만을 가진다면 그 분수는 유한 소수가 됩니다. 그러나 12진법에서는 2, 3, 4, 6를 소인수로 가지는 분수 모두를 유한 소수로 나타낼 수 있게 됩니다. 예를 들어 $\frac{1}{3}$을 10진법의 소수로 나타내면 $\frac{1}{3}=0.333\cdots$과 같이 무한 소수가 되지만, 12진법으로 나타내면 $\frac{1}{3}=\frac{4}{12}=0.4$와 같이 유한 소수가 됩니다. 즉, 12진법에서는 10진법보다 유한 소수로 표현할 수 있는 분수가 더 많습니다.

이렇듯 어떤 기수법으로 수를 표시하느냐에 따라 나눗셈이 편해질 수도 복잡해질 수도 있습니다. 0으로 끝나는 수로 표현할 수 있는 수가 훨씬 더 많은 12진법이 10진법보다 계산이 편리한 것은 당연한 일입니다. 그래서 12진법으로 기수법을 바꾸자는 수학자들이 속속 나오고 있습니다. 프랑스의 수학자 라플라스는 백여 년 전에 "현대 사용하는 기수법은 나누기할 때 많이 사용하는 3이나 4로 나누어지지 않는다. 현재의 기수법에 두 개의 숫자를 더한다면 나누어질 수 있지만, 손가락 기수법에 익숙하므로 이러한 개혁 시도는 실패할 것이다"라고 말했습니다.

그러나 12진법으로 개혁하기에는 현재의 우리는 10진법에 너무나 익숙해져 있습니다.

반대로 각도나 분으로 원호를 재는 것은 10진법으로 변했어야 한다는 움직임도 있습니다. 프랑스에서 그러한 시도를 했지만 실패했습니다. 수학자 라플라스는 이 제안의 열렬한 지지자였습니다. 그의 유명한 책 『세계의 체계에 대한 해설』에서 각도를 재는 데 10진법을 이용하려 했습니다. 라플라스는 직각을 90도가 아닌 100도로, 1도를 100분으로 나누었습니다. 그는 시간과 분도 10진법으로 표시했습니다. 그래서 "하루는 100시간으로 나누고, 한 시간은 100분으로, 1분은 100초로 나누는 동일한 기수법이 필요하다"라고 주장했습니다.

잠깐!

소수의 기수법

$$a.bcde_{(p)}=a+b\times\frac{1}{p}+c\times\frac{1}{p^2}+d\times\frac{1}{p^3}+e\times\frac{1}{p^4}$$

12진법에서 0의 개수

100! 을 12진법으로 나타낼 때 일의 자리의 수로부터 연속된 0의 개수를 구하세요.

풀이

$100! = 2^{\alpha} \cdot 3^{\beta} \cdot 5^{\gamma} \cdots$ 하면

$$\alpha = \left[\frac{100}{2}\right] + \left[\frac{100}{2^2}\right] + \left[\frac{100}{2^3}\right] + \left[\frac{100}{2^4}\right] + \left[\frac{100}{2^5}\right] + \left[\frac{100}{2^6}\right]$$

$$= 50 + 25 + 12 + 6 + 3 + 1 = 97$$

$$\beta = \left[\frac{100}{3}\right] + \left[\frac{100}{3^2}\right] + \left[\frac{100}{3^3}\right] + \left[\frac{100}{3^4}\right]$$

$$= 33 + 11 + 3 + 1 = 48$$

$12 = 2^2 \times 3$ 이므로 12진법에서 0이 한 개 나오려면 2가 두 개, 3이 한 개가 필요합니다.

따라서 48개의 0이 나옵니다.

상자만 보고 사과 개수를 알아맞히기

　　사과 1000개를 10개의 상자에 갈라 넣어서 필요할 때, 1부터 1000 사이의 임의의 수의 사과를 상자를 열지 않고도 가져갈 수 있도록 하였습니다. 10개의 상자에 사과를 각각 몇 개씩 넣었을까요?

풀 이

　　이는 10개 숫자로 어떻게 하면 1부터 1000까지의 모든 수를 표시하느냐 하는 문제입니다. 즉, 열자리 수를 찾아서 1000에 가장 접근되게 하면 됩니다.

$$11\cdots11_{(2)}=2^9+2^8+2^7+\cdots+2+1$$
$$=512+256+128+64+32+16+8+4+2+1=1023$$

　　위의 10개의 수로 1부터 1000까지의 모든 수를 표시할 수 있지만 사과는 1000개밖에 안 되므로 9개 상자에는 각각 1, 2, 4, 8, 16, 32, 64, 128, 256개를 넣고 나머지는 열 번째 상자에 넣을 수 있습니다. 만일 필요한 사과가 512개 이하라면 앞의 9개 상자 중에서 몇 개를 택하면 되고, 필요한 사과가 512개이거나 그 이상이면 먼저 열 번째 상자를 택한 다음 그 나머지는 9개 상자 중에서 몇 개를 택하여 보충하면 됩니다.

6자리 자연수

다음 세 조건을 만족하는 6자리의 자연수를 구하세요.

Ⅰ. 어느 자리의 숫자도 0은 아닙니다.

Ⅱ. 완전 제곱수입니다.

Ⅲ. 처음, 중앙, 끝의 2자리수가 모두 완전제곱수입니다.

풀 이

조건을 만족하는 6자리의 자연수를 N이라 하고, A, B, C, a, b, c를 한 자리수라고 하면 다음과 같습니다.

$$N = 10^4 A^2 + 10^2 B^2 + C^2 = (10^2 a + 10b + c)^2$$

A^2, B^2, C^2은 모두 2자리수가 되어야 하므로 A, B, C는 모두 3보다 큽니다.

또 a, c가 0이면 조건 Ⅰ을 만족하지 않으므로 a와 c는 0이 아닙니다.

$10^2 B^2 + C^2 < 10^4$이므로

$$10^4 A^2 < (10^2 a + 10b + c)^2 < 10^4 A^2 + 10^4 < 10^4 (A+1)^2$$

$$100A < 10^2 a + 10b + c < 100A + 100$$

$100A$의 백의 자리수는 A, $100A + 100$의 백의 자리수는 $A+1$이므로, $A = a$

따라서 a도 3보다 큰 수입니다.

$$N - 10^4 A^2 = (10^2 a + 10b + c)^2 - 10^4 a^2$$

$$= 10^3(2ab) + 10^2(b^2 + 2ac) + 10(2ab) + c^2$$

위의 수는 4자리의 수이므로, $2ab < 10$입니다.

따라서 $ab \leqq 4$이고, 이것을 만족하는 경우는

(i) $b = 0$

(ii) $a = 4, \ b = 1$의 두 가지 입니다.

(ii)의 경우는 $N = (410 + c)^2 = 168100 + 820c + c^2$

여기서 $c \geqq 3$이면 N의 처음 2자리수가 17이 되어, 조건 II을 만족하지 않습니다.

또 $c = 1$ 또는 2이면, 중앙의 2자리수가 81을 넘게 되어, 조건 III을 만족하지 않습니다.

(i)의 경우는 $N = (10^2 a + c)^2 = 10^4 a^2 + 10^2(2ac) + c^2$

$a \geqq 4, c \geqq 4$이고 $2ac$가 2자리의 완전제곱수인 경우는 $2ac = 64$일 때뿐입니다.

그러므로 $a = 8, c = 4$ 또는 $a = 4, c = 8$입니다.

이상에서 조건을 만족하는 N은 646416, 166464 두 가지입니다.

60진법

5시간 43분 21초를 $\langle 5 \rangle \langle 43 \rangle \langle 21 \rangle$(초)라 쓴다고 하면 일반적으로 $\langle a \rangle \langle b \rangle \langle c \rangle$는 60진법에 의한 3자리 수로 생각할 수 있습니다. (단, a는 1, 2, $\cdots$, 59이고 b, c는 0, 1, 2, $\cdots$, 59)

(1) 60진법에 의한 3자리수는 전부 몇 개일까요?

(2) $\langle 1 \rangle \langle 0 \rangle \langle 0 \rangle$에 매우 가까운 $\langle 1 \rangle \langle 1 \rangle$의 배수는 얼마일까요? 60진법으로 나타내세요.

(3) (1)의 3자리의 수 가운데 $\langle 1 \rangle \langle 1 \rangle$의 배수는 얼마일까요? 60진법으로 나타내세요.

 풀 이

(1) 60진법에 의한 세 자리 수는 a가 59가지, b와 c는 각각 60가지이므로 개수는

$$59 \times 60^2 = \langle\mathbf{59}\rangle \langle\mathbf{0}\rangle \langle\mathbf{0}\rangle \text{(개)}$$

(2) $\langle 1 \rangle \langle 0 \rangle \langle 0 \rangle = \langle 1 \rangle \langle 1 \rangle \times \langle 59 \rangle + \langle 1 \rangle$이므로

$$\langle 1 \rangle \langle 1 \rangle \times \langle 59 \rangle = \langle\mathbf{59}\rangle \langle\mathbf{59}\rangle$$

(3) 60진법에 의한 3자리수 가운데 최대는 $\langle 59 \rangle \langle 59 \rangle \langle 59 \rangle$이고

$$\langle 59 \rangle \langle 59 \rangle \langle 59 \rangle = \langle 1 \rangle \langle 1 \rangle \times \langle 59 \rangle \langle 0 \rangle + \langle 59 \rangle \text{입니다.}$$

이것과 (2)에 의해 구하는 개수는

$$\langle 59 \rangle \langle 0 \rangle - \langle 59 \rangle = \langle\mathbf{58}\rangle \langle\mathbf{1}\rangle \text{(개)}$$

쉽게 생각하려면

(2)(3)문제와 같이 직접 60진법으로 생각하는 것이 곤란하다면 (1)처럼 '우선 10진법으로 생각하고 그것을 60진법으로 바꾸도록' 하는 것이 좋습니다.

예를 들면 (2)를 쉽게 생각해 봅시다.

$$\lceil \langle 1 \rangle \langle 0 \rangle \langle 0 \rangle = 60^2 = 3600, \ \langle 1 \rangle \langle 1 \rangle = 1 \times 60 + 1 = 61 \rfloor \text{이고},$$

$$3600 \div 61 = 59 \cdots 1 \text{이므로 답은 } 61 \times 59 = \langle 1 \rangle \langle 1 \rangle \times \langle 59 \rangle = \langle 59 \rangle \langle 59 \rangle$$

세상에서 가장 큰 수와 가장 작은 수는 몇일까?

세상에서 가장 큰 수 또는 가장 작은 수가 존재할까요? 결론부터 말하면 존재하지 않습니다. 간단히 증명하자면, 이 세상에 가장 큰 수가 존재하며 그 수를 a라고 합시다. 그런데 $a+1$이라는 더 큰 수가 생깁니다. 이것은 위의 가정에 모순이 생겨 가장 큰 수가 없게 되는 것입니다. 이런 증명을 귀류법이라고 합니다.

이 세상에서 가장 작은 수 또한 없습니다. 위와 같은 방법으로 증명해 봅시다. 이 세상에서 가장 작은 수가 존재하며 그 수를 b라고 합시다. 그런데 $b-1$이라는 더 작은 수가 생깁니다.

이것 또한 위의 가정에 모순임으로 가장 작은 수도 없습니다.

이렇게 큰 수를 표시하기 위해 ∞라는 기호를 사용합니다.

∞은 양으로 계속 커지고 있는 수 이고, $-\infty$는 음으로 계속 커지고 있는 수입니다.

소수에 대하여

다음 제시문을 읽고 물음에 답하세요.

고대 그리스인들은 어떤 숫자는 그보다 작은 숫자에 의해서 나뉠 수 있는 반면에 다른 숫자들은 이런 특성이 없다는 관찰을 했습니다. 자연수 중에서 1과 자신을 제외한 어떤 숫자로도 나뉠 수 없는 숫자를 소수(素數)라 부릅니다. 또한 소수가 아닌 자연수 중에서 1이 아닌 수를 합성수라 부릅니다. 언뜻 생각하기에는 소수와 합성수의 구분이 아무런 의미도 없는 것처럼 보입니다. 그러나 소수는 매우 중요하다는 사실이 밝혀졌고, 수학자들이 소수에 대해서 더 많은 사실을 발견할수록 그 중요성은 더 높이 평가되고 있습니다. ⓐ소수가 그처럼 중요한 이유 중 하나는 자연수에서 소수가 하는 역할이 화학에서 원자의 역할과 같다는 것입니다.

소수에 대한 분명한 물음은 이런 것입니다. 도대체 얼마나 많은 소수가 있는 것일까요? 유클리드는 그의 저서 『기하학 원론』에서 소수의 개수가 무한하다는 것을 증명했습니다. 그의 증명을 간략히 서술하면 아래와 같습니다.

"유한개만의 소수가 존재한다고 가정하자. 이 유한개의 소수들을 모두 곱한 값에 1을 더하면 그것 역시 소수이며, 처음에 가정한 유한한 소수 집합에 속하지 않는다. 그러므로 소수가 유한하다는 가정은 모순이 됨을 알 수 있다."

어떤 자연수 N이 소수인지 아닌지 여부를 검사하는 가장 확실한 방법은 소인수분해를 하는 것입니다. ⓑ이를 위해서는 $\sqrt{N}$ 이하의 모든 소수들로 N을 나누어 보아야 합니다. 이때, N이 실제로 소수일 때가 제일 큰 문제입니다. 소인수분해를 사용하여 소수 여부를 검사하는 방법은 N이 아주 큰 수라면 최고 성능의 컴퓨터로 계산한다고 하더라도 매우 오랜 시간이 걸릴 수 있습니다. 그렇지만 수학자들은 소수의 패턴을 연구함으로써 여러 대안적 소수 검사 방법을 고안할 수 있었습니다. 실제로 현재의 대형 컴퓨터와 ARCLP와 같은 소수 검사 방법을 사용 하면 100자리에 이르는 소수 두 개를 쉽게 찾을 수 있습니다. 이 두 소수를 곱하면 200자리 수인 합성수 하나가 만들어집니다. 다른 한편, 이 200자리 숫자가 매우 큰 두 개의 소수의 곱이라는 것을 알고 있고, 현재 가용한 가장 빠른 컴퓨터를 사용한다고 하더라도 이 정도 크기의 합성수를 소인수분해 하는 것은 실질적으로 불가능하다고 할 만큼 오랜 시간이 걸립니다. 소수 검사가 가능한 수의 크기와 소인수분해가 가능한 수의 크기 사이에 있는 이 커다란 불균형을 이용하여 수학자들은 '공유 열쇠(public key)' 암호체계를 고안했습니다.

곤충 매미는 식물의 조직 속에 알을 낳는데, 우리나라에서 잘 알려진 유지매미와 참매미는 산란한 해부터 치면 7년째에 성충이 됩니다. 또 늦털매미는 5년째에 성충이 된다고 알려졌습니다. 매미탑이라고 불리는 북아메리카에 사는 매미는 산란에서부터 성충이 되기까지 13년이 걸리는 종과 17년이 걸리는 종으로 나뉘고, 그 형태나 울음소리에도 차이가 있는 것이 확인되었습니다. 이와 같이 위에서 소개한 여러 종류의 매미가 산란에서 성충이 되기까지 걸리는 시간은 보통 5년, 7년, 13년, 17년입니다. 이와 같은 매미의 생활주기에서 발견될 수 있는 공통점은 그것들이 모두 소수라는 점입니다.

왜 하필 소수를 주기로 생활할까라는 의문에 대한 설명으로 유력한 두 학설이 있는데, 한 가지는 주기가 소수가 되면 매미가 천적을 피하기 쉽다는 것이고, 또 다른 학설은 동종간의 경쟁을 피하기 위한 스스로의 조정이라고 알려져 있습니다.

[2007학년도 서강대 수시 2학기]

(1) 밑줄 친 ⓐ의 논리와 ⓑ의 근거에 대하여 각각 논술하시오.

(2) 소수의 개수가 무한하다는 유클리드의 증명을 부연하여 논술하시오.

(3) 매미가 소수를 주기로 생활하는 이유를 설명하는 두 가지 학설에 대해 각각의 근거와 예를 사용하여 논술하시오.

(1)

ⓐ 고대 그리스 자연철학자들은 세계를 이루고 있는 기본 단위를 규명하려 애썼습니다. 특히, 원자론의 아버지라 불리는 데모크리토스는 '더 이상 나누거나 분해할 수 없는 물질'을 '원자(atom)'라고 정의했는데 이러한 원자의 개념을 그대로 수학에 적용한 것이 바로 '소수'입니다.

화학에서의 원자는 수학에서의 소수와 같은 역할을 합니다. 어쩌면 이것은 매우 당연한 결과입니다. 수학과 화학이 분리되기 전에, 수학과 화학은 '구성의 기본 단위'라는 의미에서는 완전히 같은 것이었으니까요. 어떤 수의 성질을 알아내기 위해서는 그 수를 소인수분해하여 어떠한 소수들로 이루어졌는지를 살펴보아야 하듯이 복잡한 화학물의 성질을 알고 싶다면 그 화합물을 분석하여 어떤 분자(원자)가 어떤 비율로, 어떤 형태로 결합하고 있는지를 확인해야 합니다.

ⓑ 소수가 아닌 어떤 두 수가 있다고 가정합니다. 그렇다면 어떤 두 수의(1이 아닌)곱인 꼴로 나타낼 수 있습니다. 즉 $n=ab(a>1,\ b>1,\ a,\ b$는 자연수$)$입니다. 이제 a의 약수인 한 소수를 p, b의 약수인 한 소수를 q라 합시다. 그러면 pq는 ab의 약수가 됩니다. 따라서 다음의 식이 성립합니다.

$$pq \le ab\,(=n)$$

만일 $p>\sqrt{n}$ 이고 $q>\sqrt{n}$이라면 $pq>n$이 되어 위의 부등식과 모순이 됩니다. 따라서 $p\le\sqrt{n}$ 또는 $q\ge\sqrt{n}$ 이 되어야 합니다.

지금까지의 생각을 정리하면 이는 곧 "n이 소수가 아니라면 n의 약수 중에는 $\sqrt{n}$보다 작거나 같은 소수가 존재한다"는 뜻입니다.

이 명제의 동치(대우)는 "n의 양수 중에 $\sqrt{n}$보다 작거나 같은 소수가 존재하지 않으면,

n은 소수이다" 입니다. 그리고 이 명제의 전제조건('p이면 q이다' 의 조건문에서 앞에 있는 명제 p)은 '$\sqrt{n}$보다 작거나 같은 소수로 n을 나누었을 때 나누어떨어지지 않는다면' 이라는 뜻입니다.

결론적으로 엄청나게 큰 어떤 수, 예를 들어 123456789012357를 $\sqrt{123456789012357}$ 보다 작은 소수 (2부터 시작해서 3, 5, 7, 11, 13 …역시 엄청나게 많은 소수)로 일일이 나누어 본 결과 어떤 소수로도 나누어떨어지지 않음을 알았을 때야 비로소 그 수가 소수임을 확신할 수 있게 된다는 겁니다.

i) $\sqrt{N}$ 이하의 모든 소수들로 N을 나누어 보아야 한다.

ii) 이때 이 실제로 소수일 때가 제일 큰 문제이다.

(2)

"소수의 개수는 무한이다"

이 명제를 부정하여 유한개만의 소수가 존재한다고 가정합시다. 그리고 이 유한개의 소수들을 차례로 나열하면 2, 3, 5, 7, 11, 13, …, n이 됩니다. 이를 보다 일반적으로 표현하면 $a, b, c, d, e, …, n$입니다. 그리고 n은 이 중 가장 큰 소수가 됩니다. 이제 이들을 모두 곱한 수를 P라고 합시다. 즉 $P = abcde…n$입니다. 이때 양변에 1을 더하면 $P+1 = abcde…n+1$입니다. $P+1$을 앞서 나열했던 유한개의 소수 $a, b, c, d, e, …, n$ 중 어느 것으로 나누어도 나머지가 1이 되기 때문입니다. 즉, 나누어떨어지지 않기 때문에 소수입니다. 즉 $P+1$은 1과 자신 이외에는 약수를 갖지 않습니다. 그렇다면 $P+1$은 n보다 더 큰 새로운 소수가 됩니다. 이는 소수의 개수가 유한이라는 사실(소수 중 가장 큰 수가 n이라는 것)에 모순됩니다. 따라서 소수의 개수는 무한이 될 수밖에 없습니다.

(3)

우선 첫 번째 학설에 대해 살펴봅시다.

매미의 몸 안에 주로 서식하는 기생충이 있어 기생충은 매미에게 해를 주고, 생명까지 해쳤다고 합시다. 매미는 가능하면 이 기생충이 자신의 몸 안으로 들어오는 것을 피하려 할 것입니다. 만약 기생충과 매미가 같은 시기에 태어나면 기생충은 매미의 몸속으로 들어가 기생을 하게 되겠지요. 결국 매미는 기생충이 몸 안으로 들어오는 것을 피하기 위해 자신이 태어나는 시기와 기생충이 태어나는 시기를 다르게 하려고 노력할 것입니다.

그래서 기생충의 수명이 2년이라면 매미는 2로 나누어떨어지는 수명을 피하려 하고, 기생충의 수명이 3년이라면 매미는 3으로 나누어떨어지는 수명을 피하려 애를 씁니다.

이런 식으로 매미는 기생충을 피하기 위해 기생충과 수명 주기를 달리하는 방향으로 진화해왔으며 그 결과 기생충의 생명이 몇 년이든 이들과 수명 주기를 달리 하는 최선의 방법이 소수에 해당하는 수명을 사는 것임을 터득하게 되었습니다.

이제, 기생충은 매미의 수명을 따라가려고 노력하여 17년을 살기 위해 꼭 거쳐야 하는 17년을 살기 전 단계인 16년 수명의 단계까지 왔다고 가정해봅시다. 그렇더라도 기생충이 매미와 만나기 위해서는 또 272년을 기다려 만나야만 합니다. 왜냐하면 17은 소수이기 때문에 17년의 기간 동안 만날 수 있는 시기가 없기 때문입니다. 그래서 17과 16의 최소공배수인 272년이 지난 후에야 만날 수가 있으며 이와 같이 기생충이 매미의 수명을 따라가기 위해 16년의 단계까지 왔다하더라도 272년을 기다려야 하기 때문에 기생충은 멸종해 버리게 됩니다.

두 번째 학설에 대해서도 비슷한 논리로 설명이 됩니다. 왜냐하면 매미들의 생활 주기가 소수로 되어 있다면 매미들 간의 먹이 경쟁을 최소화할 수 있기 때문입니다. 만약 15년 주기와 17년 주기의 두 매미가 있다면 이 둘은 ‘15 × 17년’, 즉 255년마다 한 번씩 만나게 되므로 먹이 경쟁을 최대한 피할 수 있게 되어 양쪽 모두 생존가능성이 훨씬 높아지게 됩니다.

최근에 발견된 소수

2003년 10월 2일

미국 미시간 주립대 화학공학과 대학원생인 마이클 셰이퍼는 새로운 소수 $2^{20996011}-1$을 발견했습니다. 셰이퍼는 소수를 발견했을 때 기쁨을 다음과 같이 이야기 하고 있습니다. "새로운 소수를 찾아낸 컴퓨터를 본 것은 지도교수님과의 미팅을 방금 끝낸 후였습니다. 짧은 승리의 춤을 추고 저는 이 대단한 소식을 아내와 GIMPS와 관련된 여러 친구들에게 말했습니다."

그는 이 수가 소수임을 증명하기 의해 2GHz의 팬티엄 4 컴퓨터를 19일 동안 돌렸다고 합니다.

2004년 6월 8일

미국립해양대기청(NOAA) 고문인 조지 핀들 리가 새로운 소수 $2^{24036583}-1$을 발견했습니다. 핀들 리가 발견한 이 소수는 723만 5733 자리의 숫자입니다. 공시적으로 41번째 메르센느 소수가 될 이 소수는 종이에 옮겨 쓰는데 6주가 걸리고 그 길이는 25km에 달합니다. 핀들 리가 찾아낸 이 소수는 지금까지 찾아낸 가장 큰 메르센 소수 보다 약 100만 자리나 큰 것입니다.

2005년 2월 18일

독일인 안과의사인 마틴 노박 박사가 새로운 소수 $2^{25964951}-1$을 발견했습니다.

마틴 박사가 발견한 이 소수는 781만 6230자리의 숫자입니다. 공식적으로 42번째 메르센 소수입니다. 이 소수를 찾는데, 2.4GHz 펜티엄 4 컴퓨터를 가지고 계산 시간만 50일 이상 걸렸습니다.

2005년 12월 25일

크시르마스날 커티스 쿠퍼 박사와 스티븐 부네 박사가 주도하는 미국 센트럴 미주리 주립대학 팀(CMSU)이 새로운 소수 $2^{30402457}-1$을 발견했습니다. 이 소수는 915만 2052자리 숫자입니다. 공식적으로 43번째 메르센느 소수입니다. 메르센느 소수는 대부분 개인들이 발견했지만 이번에는 지금까지 가장 긴 프로세싱 기간(90MHz 펜티엄 컴퓨터가 6만 7천년 동안 작동되는 시간)을 투자하여 CMSU팀이 발견했습니다.

2006년 9월 11일

커티스 쿠퍼 박사(Dr. Curtis Cooper)와 스티븐 부네 박사(Dr. Steven Boone)가 주도하는 미국 센트럴 미주리 주립대학 팀(CMSU)이 채 1년도 지나지 않아 새로운 소수 $2^{32582657}-1$를 발견했습니다. 아쉽게도 10만 달러의 상금이 걸린 1000만 자리 소수는 아니었습니다.

12457…로 시작하여 … 967871로 끝나는 이 소수의 길이는 보통사람이 손으로 쓰면 꼬박 9주가 걸리고 그 길이만 해도 34km정도가 됩니다. 이번에도 CMSU는 대학의 700개의 컴퓨터를 PrimeNet에 연결하여 이 소수를 발견했습니다.

소수의 발견을 기념하는 일리노이 주의 우편 스탬프

몇 년에 하나씩 발견되던 메르센 소수가 최근 몇 년에 걸쳐 매년 하나씩 추가로 발견되고 있습니다. 2003년에는 40번째, 2004년에는 41번째, 2005년 2월에는 42번째, 2005년 12월에는 43번째, 2006년 9월에는 44번째 메르센 소수가 발견되었습니다.

수학자들은 왜 이렇게 큰 소수를 찾는 일에 관심을 쏟는 것일까요? 소수를 찾는 것 자체가 수학적 의미를 지니기도 하지만, 오늘날 소수는 암호학에서 중요한 역할을 하기 때문입니다. 아주 큰 두 소수를 곱하여 수를 만들고, 그 수가 어떤 두 소수의 곱인지 알아야 암호를 풀 수 있게 만듭니다. 두 소수를 곱하는 것은 금방이지만, 주어진 수가 어떤 두 소수의 곱인지 알아내기 위해서는 슈퍼컴퓨터로 계산하여 아주 오랜 시간이 걸리기 때문에, 소수를 이용한 암호는 해독되기까지의 시간을 효과적으로 지연시킬 수 있습니다.

정수는 아름다워!

수에는 유리수, 무리수, 정수 등 여러 종류가 있지만 가장 친근한 것은 하나씩 커지는 정수입니다. 다른 수학 분야와 달리 정수론의 문제와 정리는 일반인도 이해할 수 있습니다. 프로이센(지금의 독일)의 유명한 수학자였던 크로네커(Leopold Kronecker)는 "신은 오직 정수만을 만드셨다. 다른 수는 인의적인 것이다"라고 말하며 정수에 대한 예찬론을 펼쳤습니다. 크로네커의 이러한 생각은 양의 정수인 자연수와 여러모로 일치합니다.

"양의 정수만이 자연스러운 수이다"라는 의미에서 사람들은 양의 정수를 자연수라 부르게 됩니다. 사실 우리는 일상적으로 수를 생각할 때, 정수를 떠올립니다.

그럼에도 불구하고 수학자들은 지난 1세기 이상 해결이 안 된 흥미 있는 수학문제가 있다면 바로 정수론 문제라고 말해왔으며 대부분 사실입니다. 쉬워 보이지만 증명은 만만치 않은, 정수론에서 가장 유명하다고 해도 과언이 아닌 '페르마의 대정리'가 바로 그 좋은 예입니다. 이 정리는 1993년에 이르러서야 미국 프린스턴 대학의 와일즈 교수에 의해 증명이 이루어졌습니다. 이외에도 메사추세스 주의 클레이 수학 연구소(CMI)에서 선정한 문제도 있습니다. 이 일곱 개의 문제는 오늘날 수학에서 가장 중요하고, 전 세계 최고 수학자들은 이 문제를 풀기 위해 노력하고 있습니다.

2 장

수학의 언어

문자와 식

이집트에서는 문자를 신이 준 선물이라고 생각하였다.
그들은 자신의 과거를 적는 것을 신성하게 여기게 되었다.
돌 진흙 파피루스 등
문자를 적을 수 있는 것들이 있는 것을
우연이라 생각하지도 않았다.

화성인의 아이큐는 문어발식

화성인의 IQ는 가지고 있는 촉수의 개수의 제곱에 따라 변합니다. 만약 화성인이 5개의 촉수를 가지고 아이큐는 75이라면 촉수를 8개 가지고 있는 화성인의 아이큐는 얼마인가요?

풀이

t를 화성인이 가지고 있는 촉수의 수라고 합시다. 그러면 $IQ = kt^2$이 됩니다. $75 = k(5^2)$이므로 $k = 3$이다. 그러므로 8개의 촉수를 가진 화성인은

$$IQ = k(8^2) = 192$$

입니다.

문자와 식으로 못하는 게 없네

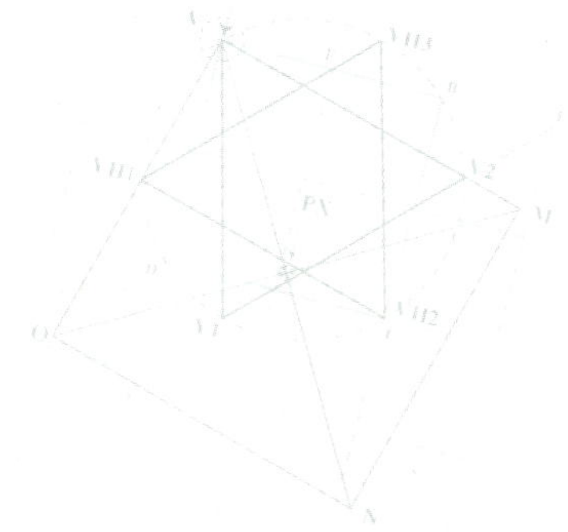

　아인슈타인의 강의 시간에 한 학생이

　"박사님은 모든 물체 사이에 작용하는 상대성 원리를 발견하였고, 또 그것을 수식화하셨는데 그렇다면 사람들 사이에 오가는 사랑도 방정식으로 표현하실 수 있습니까?"라고 질문하자 아인슈타인은

$$Love = 2\square + 2\triangle + 2\vee + 8<$$

라는 수식을 보여주면서 다음과 같은 설명을 붙였습니다.

　"가지 않으면 안될 길을 마지못해 떠나가며 못내 아쉬워 뒤돌아보는 그 마음! 갈 수 없는 길인데도 따라가지 않을 수 없는 안타까운 마음! 그 마음이 사랑인 것이다."

라고 말했습니다. 사랑에 대한 길고 복잡한 문장을 아인슈타인은 $\square$, $\triangle$, $\vee$, $<$ 와 같은 문자를

아인슈타인의 사랑방정식

사용하여 짧게 한 개의 식을 만들었습니다.

또한 드라마에서 남자 주인공이 여자 주인공에게 사랑을 고백할 때, 글이 가득한 서너 장의 연애편지가 아니라 짤막한 한 줄의 수식을 사용해 고백하던 장면도 있습니다.

$$17x^2 - 16|x|y + 17y^2 = 225$$

이 수식을 그래프로 그리면 아래와 같은 하트 모양이 나옵니다. 그래서 이를 '사랑방정식' 이라고 부릅니다. 몇 개의 문자만 사용하여 표현한 식에서 만인의 연인의 가슴을 설레게 하는 하트 모양이 나오기도 하는 것입니다.

아인슈타인의 사랑의 방정식은 복잡한 문장을 간결하게 처리해 식으로 나타냈지만, 복잡한 이차식의 사랑방정식을 보고 하트 그래프를 그리려면 간단한 문제가 아닙니다.

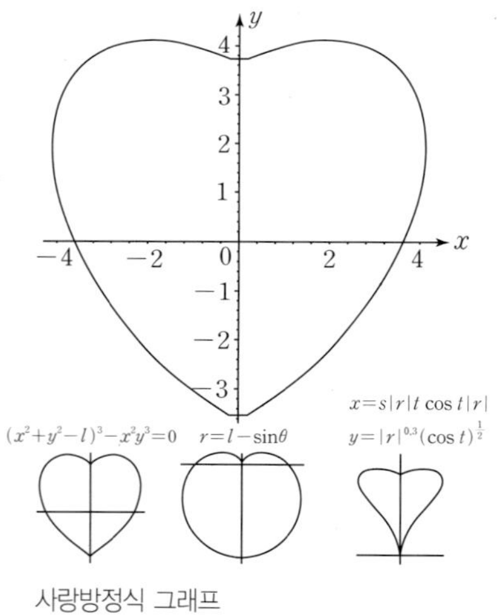

사랑방정식 그래프

인간이 만든 문명의 역사는 간단한 것에서 복잡한 것으로 발달하기 마련입니다. 예를 들어, 단순한 쐐기 그림에서 시작한 수는 무리수($\sqrt{2}, \sqrt{3}$), 복소수($\sqrt{-1}=i$)와 같은 복잡한 수로 발전했습니다. 이처럼 간단한 점, 선 등의 도형이 복잡한 곡면의 도형으로 발전하는 것 그리고 간단한 문자로 이뤄진 수식도 하트 그래프를 그릴 수 있는 함수식은 모두 문자와 식을 활용한 예입니다.

그렇다면 수학은 어떠한 이유에서 식을 표현할 때, 문자를 도입하게 되었을까요?

우리는 생활 속에서 많은 기호와 그림을 접하게 됩니다. 복잡하고 긴 설명보다는 간단하고 명료한 기호나 그림이 의미를 빠르고 정확하게 전달해 주는 경우가 많습니다.

수학에서도 어떤 문제를 해결할 때, 백 퍼센트 숫자로 해결하려면 무척 복잡하게 생각하고 많은 시간을 고민해야 합니다. 이것을 문자나 약속된 기호를 사용하면 간단히 해결할 수 있을 뿐만 아니라 어떤 공통된 성질을 이해하고 의미를 파악하기 쉽게 할 수 있습니다.

간단한 예를 들어볼까요.

올해 아버지는 50세이고, 나는 12세입니다. 아버지의 나이가 내 나이의 3배가 되는 것은 몇 년 후인가요?

i) 문자를 사용하지 않고 푸는 경우

년	현재	1년 후	2년 후	3년 후	4년 후	5년 후	6년 후	7년 후
아버지	50	51	52	53	54	55	56	57
나	12	13	14	15	16	17	18	19
확인	12×3 $=36$	13×3 $=39$	…	…	…	…	…	19×3 $=57$

ii) 문자를 사용하여 푸는 경우

x년이 지난 후 아버지의 나이가 나의 나이가 3배가 된다고 합시다.

$$50 + x = 3(12 + x) \Rightarrow 2x = 14 \quad \therefore x = 7$$

7년 후 아버지의 나이가 나의 나이는 3배가 됩니다. 위의 두 경우에서 어느 것이 편리할지 설명할 필요가 없습니다.

그럼, 이제부터 문자로 표현하는 방법에 대해 알아봅시다.

노새와 당나귀

노새 한 마리와 당나귀 한 마리가 등에 곡식 자루를 짊어지고 걸어가고 있었습니다. 노새가 당나귀에게 말했습니다.

"얘야, 만약 네가 곡식 자루 하나를 나에게 주면 나는 네 것의 2배를 짊어지게 되는 셈이고, 만약 내가 네게 곡식 자루 하나를 주면 우리는 같은 수의 곡식자루를 지고 가게 되는 거야."

노새와 당나귀는 각각 몇 개의 곡식 자루를 지고 있을까요?

풀이

노새의 자루 수를 x, 당나귀의 자루 수를 y라 하면

노새에게 당나귀가 한 자루 주면 노새의 자루 수는 $x+1$이 되고,

당나귀의 자루 수는 $y-1$이 됩니다. 그러므로

$x+1=2\times(y-1) \Rightarrow x-2y=-3 \cdots$ ①입니다.

그리고 노새가 당나귀에게 한 자루 주면 노새의 자루 수는 $x-1$이 되고, 당나귀의 자루 수는 $y+1$이 됩니다. 그러므로,

$x-1=y+1 \Rightarrow x-y=2 \cdots$ ② 입니다.

②－①에서 $y=5$, $x=7$ 입니다.

노새는 7자루, 당나귀는 5자루를 가지고 있습니다.

나이 알아맞히기

아버지가 쌍둥이의 생일날 저녁 식사를 하기 위해 쌍둥이와 쌍둥이의 동생 짱구, 이렇게 4명이 식당으로 갔습니다. 아버지의 음식값은 49500원, 아이들은 한 살 당 4500원으로 계산되었습니다. 총 식사 액수가 94500원이었다면 짱구의 나이는 몇 살일까요?

풀이

쌍둥이의 나이를 x라 두고, 짱구의 나이를 y라 하면,

짱구는 쌍둥이의 동생이므로 $y \leq x$입니다.

음식값 94500원에서 아버지의 음식값 49500원을 뺀 45000원은 쌍둥이와 짱구의 음식 값 이므로 즉, $4500(2x+y)=45000$ $2x+y=10$, $\therefore x>y$ $\therefore x=4, y=2$

따라서 짱구의 나이는 2살입니다.

파피루스

아메스의 '파피루스'에 이런 문제가 있습니다.

> "어떤 수와 그 수의 $\dfrac{1}{3}$ 을 더하면 16이다.
> 어떤 수는 얼마인가?"

파피루스

파피루스에 적혀있는 풀이를 살펴보면 이렇습니다.

"어떤 수를 3이라고 가정하면, 그 수 3과 그 $\dfrac{1}{3}$ 인 1을 더한 것은 4이다.

그래서 16일 경우는 4의 4배이므로 가정한 3의 4배인 12이다."

라는 묘한 풀이가 적혀 있습니다. 이 풀이는 문자를 사용하지 않았으므로 언뜻 보기에 무척 복잡해 보입니다.

문자를 사용하여 간략하게 풀어보세요.

풀 이

어떤 수를 x라 하고,

$$x + \frac{x}{3} = 16$$

$$\frac{4}{3}x = 16$$

$$\therefore x = 16 \times \frac{3}{4} = 12$$

1 문자가 수식의 언어로 자리잡기까지

아래는 유명한 '디오판토스의 묘비'에 적힌 글입니다. 묘비에는 그의 인생을 수수께끼로 묘사한 글이 새겨져 있습니다. 이제, 디오판토스가 죽었을 때의 나이를 구해 봅시다.

> 신의 축복으로 태어난 그는 인생의 $\dfrac{1}{6}$을 소년으로 보냈다.
>
> 그리고 다시 인생의 $\dfrac{1}{12}$이 지난 뒤에는 얼굴에 수염이 자라기 시작했다. 다시 $\dfrac{1}{7}$이 지난 뒤 그는 아름다운 여인을 맞이하여 화촉을 밝혔으며, 결혼한 지 5년 만에 귀한 아들을 얻었다. 아! 그러나 그의 가엾은 아들은 아버지의 반밖에 살지 못했다. 아들을 먼저 보내고 깊은 슬픔에 빠진 그는 그 뒤 4년간 정수론에 몰입하여 스스로를 달래다가 일생을 마쳤다.

디오판토스가 살다간 햇수를 x라고 정합니다.

디오판토스는 생의 $\dfrac{x}{6}$ 동안 소년이었고, $\dfrac{x}{12}$ 동안은 청년이었으며, 그 후 $\dfrac{x}{7}$을 더 보낸 뒤에 결혼하였습니다. 결혼 후 5년 만에 아들을 낳았으나, 아들은 아버지의 반밖에 살지 못했으므로 $5+\dfrac{x}{2}$의 삶을 살았습니다. 아들을 먼저 보낸 후 슬픔 속에서 4년을 더 살다가 그는 생을 마감했습니다. 디오판토스의 나이는 위의 기간들을 모두 더한 것이므로

$$x=\frac{x}{6}+\frac{x}{12}+\frac{x}{7}+5+\frac{x}{2}+4$$

라는 식을 얻을 수 있습니다. 이 식의 우변을 계산하면,

$$x = \frac{25}{28}x + 9, \quad x = 84$$

따라서 디오판토스가 죽었을 때의 나이는 84세였다는 것을 알 수 있습니다.

이처럼 문제를 푸는데 구하고자 하는 것을 문자를 사용하여 표현하고, 문자로 식을 세워 푸는 방법을 도입한 최초의 사람이 바로 디오판토스였습니다. 그는 이집트의 프톨레마이오스 왕조 때 알렉산드리아에서 살았던 그리스인으로 출생과 사망에 관해 정확하게 알려진 바가 없습니다.

그의 대표적인 저서 꼽을 수 있는『산학』은 총 13권으로 구성되어 있는데 지금은 6권만이 전해지고 있습니다.『산학』은 정수와 관련된 정리들과 방정식의 해법 등 대수분야의 문제들을 총망라한 책입니다. 유클리드의『기하학 원론』이 기하학의 꽃이라면『산학』은 대수의 꽃이라 할 수 있습니다. 이 중 '다각수에 관하여' 일부만이 남아 있을 뿐입니다. 디오판토스의 명성은『산학』에 의한 것이며 사람들은 그를 대수의 아버지라고도 부릅니다.

대수의 발전은 크게 3단계로 나눌 수 있습니다.

① **수사학의 단계** : 기호가 전혀 사용되지 않고 일상 언어만으로 수식이 기술되었던 단계입니다.

② **생략적 단계** : 풀이 방법은 대체적으로 언어로 기술하지만 축약된 용어나 머리글자와 같은 생략기호를 기호언어로 나타낸 단계입니다. 즉, 문자를 사용하여 자주 반복되는 개념이나 계산을 간단하게 나타냅니다.

③ **기호적 단계** : 수식이나 연산에 일상 언어를 거의 사용하기 않고 기호적 언어로 표현되는 단계입니다.

바빌로니아, 이집트, 그리스의 기하학적 대수는 첫번째 단계인 수사학적 단계에 해당합니다. 그들은 대수를 식이 아닌 수학적 문장으로 표현했던 것입니다. 예를 들어,

$$5x^2+7x=10$$

이라는 간단한 수식을

> 일정한 길이의 막대들이 있다. 이 막대들로 정사각형 다섯 개와 정삼각형 하나를 만들려고 한다. 이때 5개의 정사각형의 넓이와 7개의 정삼각형의 둘레 길이의 합이 10m가 되게 하고 싶다. 막대의 길이는 얼마로 하면 될까?

와 같은 문장으로 표현을 했습니다.

디오판토스는 수세기 동안 이렇게 수사학적으로 표현하던 수학적 문제를 단순화시켜 자신만의 표기법을 만들어냈습니다. 그러나 그 편리함에도 불구하고 디오판토스의 표기법은 그리스에서 받아들여지지 못하고 아랍인들에 의해 전해지다가, 16세기에 이르러 유럽 대수학자들에게 영향을 끼치면서 대수의 발전에 커다란 역할을 하게 됩니다.

그의 유명한 저서 『산학』에서 디오판토스는 문자로 식을 표현함으로써 우리가 잘 알고 있는 '1차, 2차 방정식' 및 '연립방정식'의 해법 등을 최초로 보여주고 있습니다. 일차방정식을 풀기 위한 이항, 동류항의 정리 등의 계산법이 기록되어 있는 것은 물론 '디오판토스 해석'이라는 불리는 '부정방정식 해법'도 다뤄지고 있습니다.

이 책에는 무려 189개의 방정식에 관한 내용이 다뤄지고 있는데 모두 양의 유리수 범위에서 방정식의 해를 찾고 있어, 지금과는 상당히 다른 모습이었습니다. 각 문제마다 특별한 방법으로 해를 구했습니다. 이차방정식의 경우를 한번 살펴봅시다.

$$ax^2+bx=c$$

$$ax^2=bx+c$$

$$ax^2+c=bx$$

디오판토스는 위의 세 가지 형태의 방정식에만 관심을 가졌는데, 이 식들은 오늘날 2차 방정식의 일반형 '$ax^2+bx+c=0$' 의 형태로 통일되었습니다. 이렇게 동일한 형태를 세 가지로 분류한 이유는 디오판토스가 음수 해와 무리수 해를 인정하지 않았기 때문입니다. 그래서 음수가 아닌 유리 해를 구하는 방정식을 '디오판토스 방정식' 이라고 부르기도 합니다.

이로써 문장으로 이뤄졌던 대수학은 점차 수식적인 모양새를 갖추어 가기 시작했습니다. 그리고 프랑스의 비에트가 완전한 기호화를 이룬 것 아니지만 수식에 간단한 알파벳을 사용하면서 숫자 계수 즉, 상수항까지 문자로 나타냈습니다.

또한 "나는 생각한다. 고로 존재한다"라는 말로 유명한 프랑스의 수학자 데카르트를 거치면서 지금의 수식 꼴과 거의 같은 모습을 갖추게 되었습니다.

데카르트

이러한 기호 대수의 발달은 17세기 이후 변수개념과 함수개념의 발달에 중대한 역할을 하게 됩니다.

꽃을 향해 날아간 벌

인도의 대표적 수학자·천문학자인 바스카라 2세의 저서 『리라바티』에 나오는 한 편의 시입니다. 시에서 묻는 벌의 무리는 과연 몇 마리일까요?

> 벌 무리의 5분의 1은 목련 꽃으로
>
> 3분의 1은 나팔꽃으로
>
> 그들의 차의 3배의 벌들은
>
> 협죽도 꽃으로 날아갔네.
>
> 남겨진 1마리의 벌은
>
> 케타키의 향기와 쟈스민 향기에 갈팡질팡하다가
>
> 두 사람의 연인에게 말을 시킬 것 같은
>
> 남자의 고독처럼 허공을 헤메고 있도다.
>
> 벌의 무리는 어느 만큼인가.

풀이

전체 벌의 수를 x라고 합시다.

목련꽃으로 날아간 벌의 수 : $\dfrac{1}{5}x$

나팔꽃으로 날아간 벌의 수 : $\dfrac{1}{3}x$

협죽도꽃으로 날아간 벌의 수 : $3\left(\dfrac{1}{3}x - \dfrac{1}{5}x\right)$

(세 꽃으로 날아간 벌의 수의 합) + (남겨진 1마리의 벌) = (전체 벌의 수)

$$\frac{1}{3}x + \frac{1}{5}x + 3\left(\frac{1}{3}x - \frac{1}{5}x\right) + 1 = x$$

$$\therefore x = 15$$

유산이야기

이 문제는 오일러의 『대수기초』에 맨 처음 소개된 문제입니다.

각각 다른 내용인 듯 하지만 문자를 이용한 식으로 표현하면 동일한 구조인 것을 알 수 있는 좋은 예제입니다.

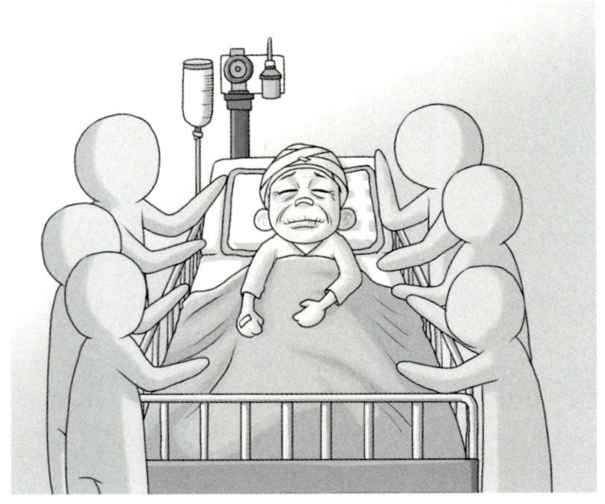

노인은 아래의 순서대로 아들들에게 유산을 나누어 주려고 합니다.

큰아들에게 100원과 나머지 재산의 10%를 줍니다.

둘째아들에게 200원과 나머지 재산의 10%를 줍니다.

셋째아들에게 300원과 나머지 재산의 10%를 줍니다.

넷째아들에게 400원과 나머지 재산의 10%를 줍니다.

결국 모든 아들들은 유산을 똑같이 나누어 가질 수 있었습니다. 그렇다면 이 노인에게 아들이 몇 명 있었을까요?

아들들이 나누어 가진 유산을 x원으로, 원래 유산을 y원으로 설정합니다.

즉, 큰아들이 가지는 부분 : $x = 100 + \dfrac{y-100}{10}$

둘째아들이 가진 부분 : $x = 200 + \dfrac{y-x-200}{10}$

셋째아들이 가진 부분 : $x = 300 + \dfrac{y-2x-300}{10}$

위의 식으로 볼 때 큰 아들이 가진 유산과 둘째가 가진 유산과의 차이, 그리고 둘째가 가진 유산과 셋째가 가진 유산과의 차이는 다음과 같습니다.

$$\dfrac{x+100}{10} - 100$$

그런데 각 아들이 받은 유산은 동일한 금액이므로 이 값은 0이어야 합니다.

그래서, $\dfrac{x+100}{10} - 100 = 0$, $x = 900$입니다.

$\therefore$ 유산 $y = 10x - 900$에서 $y = 8100$

따라서 노인에게 $8100 \div 900 = 9$(명)의 아들이 있습니다.

디오판토스는 '페르마의 대정리'를 잉태한 대수학의 아버지이다

디오판토스가 제시한 여러 가지 문제들 중 재미있는 것은 특정한 조건을 만족하는 분수들의 집합을 만드는 것이었습니다. 그 조건이란,

"집합에서 임의의 두 분수를 택하여 곱하면 그 곱이 제곱수에서 1을 뺀 수여야 한다는 것이다."

라는 것이었습니다. 디오판토스가 찾아낸 집합을 한번 살펴볼까요.

바로 $\left\{ \dfrac{1}{16}, \dfrac{17}{4}, \dfrac{105}{16} \right\}$ 집합입니다.

디오판토스가 $\dfrac{1}{16}$ 과 $\dfrac{17}{4}$ 을 택했다고 가정합시다.

$\dfrac{1}{16} \times \dfrac{17}{4} = \dfrac{17}{64}$ 이고, $\dfrac{17}{64} = x^2 - 1$ 이므로 $x = \dfrac{9}{8}$ 입니다.

17세기 수학자 페르마는 디오판토스의 이 문제를 분수가 아닌 정수에 초점을 맞추어 풀이했습니다.

$1 \times 3 = 2^2 - 1$, $1 \times 120 = 11^2 - 1$, $1 \times 8 = 3^2 - 1$,

$3 \times 120 = 19^2 - 1$, $3 \times 8 = 5^2 - 1$, $8 \times 120 = 31^2 - 1$

이므로 답은 $\{1,\ 3,\ 8,\ 120\}$ 이라는 결론을 내렸습니다.

페르마

후세 수학자들도 페르마가 찾아낸 이 집합에 제5원소를 찾기 위해 많은 연구를 했습니다. "제5원소는 존재하지 않는다"는 것을 증명한 수학자도 나타났으나 무려 1세기가 지난 후 오일러에 의해 $\dfrac{777480}{2879^2}$ 이라는 제5원소가 나왔습니다. 여러분도 혹시 제6원소가 없나 찾아보기 바랍니다. 오일러의 대를 이은 유명한 수학자가 탄생할지 모르니까요.

이렇듯 디오판토스의 부정방정식(不定方程式)에 대한 연구를 많이 했습니다. 이를 테면 $a_1 x_1 + a_2 x_2 + \cdots + a_n x_n = b(a_1,\ a_2,\ \cdots,\ a_n,\ b$ 는 정수), $x^2 + y^2 = z^2$ 등의 대표적인 디오판토스의 부정방정식입니다. 페르마는 이와 같은 방정식에는 해가 없거나, 유한개 또는 무한개라고 정의 내렸습니다.

이 중 '주어진 제곱수를 2개의 제곱수로 나누어라. $(x^2 + y^2 = z^2)$' 라는 방정식이 수많은 천재수학자들을 무참히 굴복시킨 '페르마의 마지막 정리'의 뿌리가 되었던 것입니다.

부정방정식의 일례

자연수 n에 대하여 $p(n)=(n$의 각 자리 수의 곱$)$으로 정의합시다. 예를 들면, $p(29)=2\times9=18$, $p(132)=1\times3\times2=6$입니다.

이때, $p(a)\times p(b)\times p(c)=8$을 만족하는 두 자리의 자연수 $a,\ b,\ c$에 대하여 $a+b+c$의 최대값을 구해 봅시다.

풀이

$p(a),\ p(b),\ p(c)$는 모두 자연수이므로 $p(a)\times p(b)\times p(c)=8$인 경우는 다음과 같이 세 가지로 생각할 수 있습니다.

i) $p(a)=1,\ p(b)=1,\ p(c)=8$인 경우

$p(a)=1,\ p(b)=1$를 만족하는 두 자리의 수 중에서 가장 큰 수는 $a=b=11$

$p(c)=8$를 만족하는 가장 큰 두 자리의 수는 $c=81$

$\therefore a+b+c=11+11+81=103$

ii) $p(a)=2,\ p(b)=2,\ p(c)=2$인 경우

$p(a)=2,\ p(b)=2,\ p(c)=2$를 만족하는 두 자리의 수 중에서 가장 큰 수는

$a=b=c=21$　　$\therefore a+b+c=21+21+21=63$

iii) $p(a)=1,\ p(b)=2,\ p(c)=4$인 경우

$p(a)=1,\ p(b)=2,\ p(c)=4$를 만족하는 두 자리의 수 중에서 가장 큰 수는

$a=11,\ b=21,\ c=41$　　$\therefore a+b+c=11+21+41=73$

i), ii), iii)에 의하여 $a+b+c$에서 가장 큰 수는 103입니다.

수학 기호들은 어떻게 해서 생겼을까?

파치올리

이탈리아의 수학자 파치올리는 1494년 출판한 책 『산술 요약』이라는 책에서 덧셈을 p('더 많은'을 뜻하는 piu로부터), 뺄셈은 m('더 적은'을 뜻하는 memo로부터), 미지수를 co('물건'을 뜻하는 cosa로부터) 등으로 나타내었습니다.

또, 영국의 수학자 오트레드는 수학적 기호를 크게 강조하면서 150개가 넘는 수학 기호를 만들었습니다. 수학자들이 만들어 놓은 기호들도 사람들에게 무조건 사용된 것은 아닙니다. 사용하기 편리한 기호, 그 의미가 한눈에 드러나게 잘 만들어진 기호들만이 살아남는 것입니다. 그래서 아쉽게도 그 많은 기호를 만들었으나 실제로 현재까지 살아남은 것은 곱셈 기호 ($\times$)를 포함한 3개뿐입니다.

오트레드

비트만

덧셈 기호와 뺄셈 기호는 1489년에 독일 수학자 비트만이 쓴 산술책에 처음으로 나타나 있습니다. 덧셈 기호 ($+$)는 더한다는 뜻의 라틴어 et를 줄여서 얻었고, 뺄셈 기호 ($-$)는 뺀다는 뜻의 minus를 간단히 쓴 m를 사용하다가 ($-$)로 바뀌었습니다. 그런데 그 책에서 이 기호들은 더하고 빼는 기호로 사용된 것이 아니라, 단순한 과잉과 부족을 나타냈습니다. 그러다가 1514년 네덜란드의 수학자 호이케에 의해서 덧셈, 뺄셈의 기호로 사용하게 되었습니다.

등호($=$)는 레코드가 그의 책 『지혜의 숫돌』에서 사용하였습니다. 등호($=$)는 길이가 같은 두 평행한 선분을 본 따 만든 것인데, 그는 이것을 택한 이유를 "어떠한 두 개도 이것보다 같을 수는 없기 때문이다"라고 말하였습니다. 또 제곱근 기호($\sqrt{}$)는 1525년에 루돌프에 의해서 사용되었는데, 이는 근을 뜻하는 radix의 첫 자에서 따왔다고 합니다.

레코드

16세기 프랑스의 비에트는 미지의 양을 표현하는데 알파벳의 모음(a, e, i, o, u)를 사용하였고, 이미 알고 있는 양을 표현하는 데는 알파벳의 자음을 사용하였습니다. 또, A, Aq, Ac와 같이 글자 A로 거듭제곱들을 모두 나타내었습니다. 그럼으로써 기호를 여러 개 기억해야 하는 번거로움도 피하게 되었고, 더 많은 지수의 거듭제곱을 쓰는 일도 가능하게 되었습니다. 이것은 당시로서는 획기적인 변화였습니다.

비에트

비에트의 이러한 표현은 시간이 흘러 데카르트에 의하여 수정됩니다. 데카르트는 미지의 양을 표현하는 데는 알파벳 마지막 글자들 x, y, z으로, 이미 알고 있는 양을 표현하는 데는 알파벳 처음 글자들 a, b, c 등으로 쓰는 전통을 세웠습니다. 또, 거듭제곱을 x^2, x^3, …와 같이 밑과 지수를 이용하여 나타내었습니다. 그의 기호들은 그 뜻의 명확함과 사용상의 편리함 때문에 이전의 비에트의 기호를 제치고 지금까지 사용되고 있습니다.

데카르트

잠깐!

부정방정식이란?

부정방정식은 디오판토스의 방정식이라고도 합니다. 방정식 $x^2+y^2=z^2$을 만족하는 정수, 즉 피타고라스의 수를 구하는 문제나 페르마의 문제 또는 예로부터 생각되었던 변과 넓이가 모두 유리수가 되는 삼각형은 모두 부정방정식의 문제입니다.

부정방정식론의 특징은 일관된 연구가 어렵다는 데 있습니다. 각각의 문제에 대하여 특수한 해법을 연구해냄으로써만 해결되어 왔는데, 따라서 계통적인 완전한 연구의 완성은 가우스를 기다려야만 하였습니다.

2 수학의 언어, 문자와 식

우리는 수학을 문자나 기호로 표현하는 것에 익숙합니다. 많은 사람들이 문자나 기호 때문에 수학을 복잡하고, 어려운 학문으로 느낍니다. 하지만 문자와 식은 복잡한 수학 문제를 단순하게 표현하기 위해 필요한 수학의 언어입니다. 우리가 서로 의사소통을 위해 언어를 사용하듯이 문자와 식은 수학 세계에서 사용되는 국제 공통어인 것입니다. 언어는 어떤 대상을 표현하기 위해 사회 구성원끼리 약속한 낱말로 구성되어 있듯이, 수학은 문자나 기호로 어떤 대상을 표현하기 위해 약속한 낱말들입니다.

문자와 식은 수학적 대상을 나타내는 단어이며, 이 단어들을 기호로 잘 연결하여 수학의 언어로 표현한 것입니다.

이미 우리는 집합 A, B, C 원소를 a, b, c로 나타내기 위해 문자를 사용하고 있고, 또한 0보다 c만큼 큰 수를 $+c$, 0보다 c만큼 작은 수를 $-c$로 나타내고 있습니다. 또 덧셈과 곱셈에서 배운 교환법칙, 결합법칙, 분배법칙을 각각 $a+b=b+a$, $a\times b=b\times a$, $(a+b)\times c=ac+bc$ 와 같이 자연스럽게 쓰고 있습니다.

문자를 사용하여 식을 세울 때에는 문제의 뜻을 정확히 파악하고, 그에 알맞은 공식이나 수량 관계를 수학의 언어로 표현하는 연습을 반복해야만 합니다.

다음의 예문을 통해 수학의 언어를 살펴 봅시다. 수학의 언어에는 다음과 같이 간단한 경우가 있습니다.

- 한 변의 길이가 x인 오각형의 둘레의 길이 $\Rightarrow 5x$

- 7명의 입장료가 x원이었을 때 한 사람의 입장료 $\Rightarrow \dfrac{x}{7}$원

- x시간 동안 80km를 달린 자전거의 시속 $\Rightarrow \dfrac{80}{x}$ km/시

  ($\because$ (속력) $=$ (달린 거리) $\div$ (걸린 시간)이므로)

- 농도가 40%인 소금물 xg에 들어있는 소금의 양 $\Rightarrow \dfrac{4x}{10}$g

  ($\because$ (농도) $= \dfrac{(소금의 양)}{(소금물의 양)} \times 100$이므로, (소금의 양) $=$ (소금물의 양) $\times \dfrac{농도}{100}$이므로)

또한 다음과 같이 복잡한 언어를 표현하는 경우도 있습니다.

- 다항식 $f(x)$를 일차식 $x - \dfrac{2}{3}$으로 나눈 몫을 $Q(x)$, 나머지를 R라고 할 때, $f(x)$는

  $$\Rightarrow f(x) = \left(x - \dfrac{2}{3} \right) Q(x) + R \;(\because \text{(피젯수)} = \text{(젯수)} \times \text{(몫)} + \text{(나머지)}\text{이므로})$$

- 거리가 100km인 두 지점 A, B를 왕복할 때, 갈 때는 시속 50km, 올 때는 시속 70km의 속력으로 왕복할 때의 걸린 시간은 일정한 속력 $x$km로 왕복할 때 걸린 시간이 같다.

  $$\Rightarrow \dfrac{100}{50} + \dfrac{100}{70} = \dfrac{100}{x} + \dfrac{100}{x}$$

- 가로 12cm, 세로 8cm인 직사각형이 가로의 길이는 매초 1cm의 속도로 줄어들고 세로의 길이는 매초 2cm의 속도로 늘어난다고 할 때, x초 후의 넓이를 $y$cm²를 구하라.

  $$\Rightarrow y = (12 - x)(8 + 2x)$$

문자를 사용하여 식을 나타낼 때는 다음과 같은 약속을 지키며 식을 세워 나갑니다.

첫째, 숫자와 문자, 문자와 문자 사이의 곱셈 기호는 생략하고, 여러 개의 문자의 곱에서는 보통 알파벳의 순서로 씁니다.

둘째, 수와 문자의 곱에서는 수를 문자 앞에 쓰고 곱셈 기호는 생략합니다. 1 또는 -1과 문자의 곱에서는 1을 생략합니다. 괄호가 있는 곱셈에서도 곱셈 기호를 생략합니다.

셋째, 같은 문자의 곱은 지수를 사용하여 거듭제곱의 꼴로 나타내고, 수와 수의 곱은 가운데에 ·를 사용합니다.

넷째, 나눗셈 기호는 생략하고 분수의 꼴로 나타냅니다. $(a+b) \div c$와 같은 나눗셈을 분수의 형태로 나타낼 때에는 괄호를 생략하고 $\dfrac{a+b}{c}$와 같이 나타냅니다.

현재와 같은 여러 가지 방정식의 표현은 수학에 문자, 기호 그리고 식이 추가되면서 발전했습니다. 그리고 음수의 발전과 허수의 발견에 의해 더욱 발전했지요. 이후, 문자와 문자의 관계를 수식화 하는 발전을 거듭합니다. 그리고 이 수식의 공통점과 의미를 파악하게 되어 함수라는 '수학의 꽃'을 탄생시키게 됩니다.

잠깐!

자주 쓰이는 문자 기호

어떤 특수한 양을 문자로 표현할 때에는 그 양을 나타내는 영어 단어의 첫 글자를 써서 표현하기도 한다. 그 중 몇 가지를 제시하면 다음과 같습니다.

길이(length) $\rightarrow l$	높이(height) $\rightarrow h$	넓이(square) $\rightarrow S$
부피(volume) $\rightarrow V$	반지름(radius) $\rightarrow r$	시간(time) $\rightarrow t$
속도(velocity) $\rightarrow v$		

중국에도 방정식이 있었다

16세기 중국산학가 정대위의 『산법통종』에 실려 있는 문제입니다.

노래에서 묻는 스님은 과연 몇 명일까요?

> 그릇으로 스님 수를 알아 맞추는 노래(以碗知僧歌)
>
> 높디높은 산 속에 오래된 절이 있는데,
>
> 절 안에 스님들은 몇 분인지 모르겠네.
>
> 그릇은 모두 3백 64개로서
>
> 딱 맞게 다 쓰시면서 다툼이 없는데,
>
> 셋이서 밥 한 그릇을 함께 잡수시며
>
> 넷이서 국 한 사발을 같이 드신다네.
>
> 선생께서는 산술에 능하시다니 묻겠노라.
>
> 도무지 절 안에 스님이 몇 분이나 계시는가?

이 문제는 승려 수를 x라고 놓으면 밥그릇 수는 $\dfrac{x}{3}$이고 국그릇 수는 $\dfrac{x}{4}$가 될 것이므로,

$$\frac{x}{3}+\frac{x}{4}=\frac{7x}{12}=364$$

따라서, 승려는 624명, 밥그릇은 208개, 국그릇은 156개입니다.

여기서 보듯이 방정식은 서양에만 있는 것이 아니라 동양 산학에서도 흔히 등장했습니다. 동양 산학에서는 수학문제를 제시하는데 있어서 추상적이기보다 구체적인 상황을 제시함으로써 수학문제에 좀 더 친숙해질 수 있게 했고, 실생활문제와 방정식을 연결지어 수학이 결코 실생활과 동떨어진 학문이 아님을 알려주었습니다. 또한 문제를 이처럼 노래 형식으로 만든 것은 수학이라는 딱딱한 내용을 벗어나 쉽고, 재미있게 배움으로써 학습의욕을 고취시키기 위한 것이었습니다.

구장산술에 실린 연립 일차 방정식

다음은 『구장산술』의 방정장(方程章, 다원(多元) 방정식 문제를 다루는 장)에 있는 문제입니다.

지금 상급벼가 7단 있다. 상급벼에서 나오는 벼의 양을 1말 줄이고, 여기에 하급벼 2단을 채우면 벼의 양이 모두 10말이 된다고 한다. 또한 하급벼가 8단 있다. 하급벼 1말과 상급벼 2단을 섞으면 벼가 모두 10말이 된다고 한다. 그렇다면 상급벼와 하급벼 1단 에서 각각 얼마의 벼를 낼 수 있는가?

풀이

상급벼 1단의 벼를 x말, 하급벼의 1단의 벼를 y말이라 합시다.

$$\begin{cases} 7x-1+2y=10 \\ 8y+1+2x=10 \end{cases} \Rightarrow \begin{cases} 7x+2y=11 & \cdots ① \\ 2x+8y=9 & \cdots ② \end{cases}$$

①, ②를 풀면, $x=\dfrac{35}{26}, y=\dfrac{41}{52}$가 됩니다.

따라서 상급벼 1단에서 $\dfrac{35}{26}$의 벼를 낼 수 있고, 하급벼 1단에서 $\dfrac{41}{52}$의 벼를 낼 수 있습니다.

하지만 당시에는 x, y라고 하는 미지수를 표시하지 않고 그 계수나 상수항을 다음과 같이 두 행의 식으로 나타냈습니다.

$$\begin{cases} 7 & 2 & 11 \\ 2 & 8 & 9 \end{cases}$$

현재 우리가 사용하는 연립방정식과는 좀 다르지만 이것을 푸는 방법은 동일합니다. 가감법에 의해 한 문자를 소거하여 해를 구하면 됩니다. 그런데 여기서 주목할 일은 방정식을 계산할 때 양수·음수의 덧셈뺄셈 문제를 다루었다는 것입니다. 단순히 계산과정에서 쓰이기는 했지만, 음수를 다루었다는 것은 놀라운 일입니다. 유럽에서 음수가 정수 및 0과 함께 숫자 속에 들어오게 된 것은 17세기 데카르트 이후입니다. 그런데 동양에서는 『구장산술』의 시대부터 음수를 사용했던 것입니다.

버스 승객 수 맞추기

버스가 종점에서 20명의 승객을 태우고 출발하였습니다. (가) 정류장에서 8명의 승객이 내리고, (나) 정류장에서 10명이 탔습니다. 또 (가) 정류장에서 버스에 탄 승객 수는 (나) 정류장에서 내린 승객 수의 3배였습니다. 버스가 (나) 정류장을 출발할 때의 승객수가 32명이었다면, (가) 정류장에서 버스에 탄 승객 수를 구해 봅시다.

 **풀 이**

(나) 정류장에서 버스에서 내린 승객이 x명이라 하면,

(가) 정류장에서 탄 승객은 $3x$명입니다.

종점	⇒	(가)	⇒	(나)	⇒	32명

20(명) -8(명) $+10$(명)

$+3x$(명) $-x$(명)

위의 그림에서 최종적으로 남은 승객이 32명이므로,

$$20 + (3x - 8) + (10 - x) = 32$$

$$2x + 22 = 32, \quad 2x = 10 \quad \therefore x = 5(명)$$

따라서 (가) 정류장에서 탄 승객의 수는 $3x = 15$(명)입니다.

뉴튼의 목장문제

세 군데의 목장은 풀의 밀도가 같고 자란 모양도 같습니다. 세 군데 면적은 각각 $3\frac{1}{3}$ha와 10ha, 24ha입니다. 첫 번째 목장에는 소 12마리를 키우면서 4주일을 유지할 수 있으며, 두 번째 목장에는 소 21마리를 키우면서 있는데 9주일을 유지할 수 있습니다. 그럼 세 번째 목장에서 소를 몇 마리를 키워야 18주일을 유지할 수 있을까요?

풀이

이것은 뉴튼의 『보편산수』에 나오는 응용문제입니다. 그러나 결코 뉴튼 혼자 생각해낸 문제는 아닙니다.

ha당 원래 있는 풀을 $a$kg이라고 설정하고, 일주일마다 ha당 풀이 $b$kg씩 자라난다고 설정합니다.

첫 번째 목장의 4주 동안 있는 원래 풀과 새로 자라난 풀의 합 :

$$3\frac{1}{3}a+4\times3\frac{1}{3}\times b=\frac{1}{3}\,(10a+40b)=\frac{10}{3}\,(a+4b)$$

소 한 마리당 일주일에 먹는 풀의 양 :

$$\frac{10}{3}\,(a+4b)\div(12\times4)=\frac{5}{72}\,(a+4b)$$

두 번째 목장의 9주일 동안 원래 있는 풀과 새로 자라난 풀의 합 :

$$10a+(9\times10)b=10(a+9b)$$

소 한 마리당 일주일 먹는 풀의 양 :

$$10(a+9b)\div(9\times21)$$

$$\therefore\ \frac{5}{72}\,(a+4b)=\frac{10}{9\times21}\,(a+9b)$$

$$\therefore a=12b$$

그러므로 소 한 마리당 일주일에 먹는 풀은 $\frac{10}{9}b(\mathrm{kg})$ 입니다.

세 번째 목장에 소를 x마리 사육한다고 합시다.

한 마리당 일주일에 먹는 풀은 다음과 같습니다.

$$\{24a+(18\times24)b\}\div18x=\frac{24\times30}{18x}b$$

$$\frac{24\times30}{18x}b=\frac{10}{9}b\qquad\therefore\ x=36(마리)$$

이렇게 해서 세 번째 목장의 소는 36마리를 키워야 합니다. 그래야만 18주일을 유지할 수 있습니다.

여행자가 걸었던 길

영국 캠브리지 대학 수학교수이며 아동문학작가인 루이스는 『얼키고 설킨 매듭』이라는 흥미로운 수학책을 펴냈습니다. 그 가운데 '매듭' 이란 내용의 문제입니다.

한 여행자가 오후 3시부터 8시까지 보행을 했습니다. 그는 평탄한 길을 먼저 걷고, 그 후 등산하여 산꼭대기에 올랐습니다. 그리고 왔던 길을 따라 산을 내려와 평탄한 길을 걸어 출발점으로 돌아왔습니다. 그가 평탄한 길에서 걷는 속도는 1시간에 4마일이며 등산속도는 1시간에 3마일이었습니다. 하산할 때의 속도는 1시간에 6마일이었고, 평탄한 길로 돌아올 때는 여전히 1시간에 4마일이었습니다.

여행자가 걸었던 길은 과연 몇 마일일까요?

여행자가 걸은 전체 거리를 x라 하고, y를 등산 (혹은 하산) 한 거리로 합시다. 전체 과정을 4단계로 나누어 볼 수 있습니다. 평탄한 길, 등산, 하산, 평탄한 길입니다.

처음 평탄한 길을 걸을 때 소요한 시간 : $\dfrac{\frac{1}{2}x - y}{4}$

등산할 때 소요한 시간은 : $\dfrac{y}{3}$

하산할 때 소요한 시간은 : $\dfrac{y}{6}$

되돌아올 때 평탄한 길을 걸은 시간은 $\dfrac{\frac{1}{2}x - y}{4}$ 입니다.

조건에 따라 방정식을 세우면 다음과 같습니다.

$$\frac{\frac{1}{2}x - y}{4} + \frac{y}{3} + \frac{y}{6} + \frac{\frac{1}{2}x - y}{4} = 5$$

$$\therefore \frac{1}{2}x = 10 \quad \therefore x = 20$$

그러므로 여행자가 걸은 거리는 20마일입니다.

왜 1원이 모자랄까?

가게에서 연하장을 팔고 있는데 갑 종류의 연하장은 1원에 2장이고, 을 종류의 연하장은 1원에 3장입니다. 오전에 장사가 안 되어 주인은 갑 종류 연하장을 30장과 을 종류의 연하장 30장을 팔아 모두 25원을 벌었습니다. 오후가 되자 주인은 갑 종류 연하장 30장과 을 종류 연하장 30장을 다시 가게에 내놓았습니다. 갑 종류 연하장은 1원에 2장이고, 을 종류 연하장은 1원에 3장이므로 주인은 연하장 가격을 5장에 2원으로 책정하였습니다. 연하장 60장은 순식간에 팔렸습니다. 그러나 돈을 계산해 보니 24원밖에 안되었습니다. 낱개로 팔 때보다 왜 1원이 모자랄까요?

풀이

갑 종류 연하장은 1원에 a장이고, 한 장의 단가는 $\dfrac{1}{a}$원이며,

을 종류 연하장은 1원에 b장, 한 장에 $\dfrac{1}{b}$원입니다.

그러면 연하장의 평균가는 한 장에 $\dfrac{1}{2}\left(\dfrac{1}{a}+\dfrac{1}{b}\right)$원입니다.

만일 두 가지 연하장을 한데 섞어서 한 가지 가격으로 판매할 경우, $a+b$장의 연하장은 2원에 판매해야 합니다. 이때, 한 장의 연하장 평균가격은 $\dfrac{2}{a+b}$원입니다.

가령 낱개로 판 것과 섞어서 판 것의 총수입이 같게 하자면,

$$\dfrac{1}{2}\left(\dfrac{1}{a}+\dfrac{1}{b}\right)=\dfrac{2}{a+b} \ \text{즉,} \ \dfrac{a+b}{2ab}=\dfrac{2}{a+b} \ \cdots ①$$

간단하게 하면 $(a+b)^2=4ab, \quad \therefore (a-b)^2=0$입니다.

이 등식은 $a=b$때 성립됩니다. 그런데 $a\neq b$일 때 ①식의 좌변은 우변보다 큽니다. 따라서 $a=2, b=3, a\neq b$이므로 섞어 팔면 손해를 보는 것입니다.

문자와 식의 중요성

일상생활 속에서 수학적 성질을 발견하고 변수를 도입하여 문제를 해결하는 능력은 매우 중요합니다. 여러 상황을 수식을 표현하여 해결하거나 양쪽의 관계와 문제를 형식화하는 것은 창의력과 사고력을 기를 수 있는 좋은 기회가 될 수 있습니다. 자, 이제 문자와 식 영역을 정복하는 비법을 알아봅시다.

첫째, 문제 상황에서 무엇이 주어진 것이고, 무엇을 구하려는 것인지 명확하게 이해하고, 접근해야 합니다. 이때 중요한 것은 스스로 문자 사용의 필요성을 알고 문자를 사용하여 식을 세운 후 해결할 수 있는 능력입니다.

둘째, 문제 풀기에 무작정 돌입하기 보다는 해결계획을 바르게 세우는 것이 좋습니다. 문제에 접근하는 방법은 단 한 가지만 있는 것이 아닙니다. 식 세우기, 규칙성 찾기, 거꾸로 풀어보기, 추측하기, 그림 그리기, 표 만들기, 예상하고 확인하기, 유추하기 등 다양한 방법으로 접근하는 것이 좋습니다.

셋째, 수학적으로 해결한 문제를 다시 실생활 상황으로 해석하는 것이 중요합니다. 수학적 수단을 사용하여 해결한 문제에 대해 답이 맞는지, 풀이 과정이 맞는지 확인한 후 다시 문제 상황으로 돌아와서 수학 경험을 쌓고, 수학에 대한 자신감을 갖게 되어야 합니다.

이처럼 상황 제시형 문제를 자주 접하는 것은 매우 중요합니다. 충분한 계획을 세워 이에 적합한 방법으로 문제를 해결하는 능력은 사고력을 기르는 큰 원천입니다.

3 장

수학의 황금빛 심장

논리

수학의 본질은 자유로움이다.

— 칸토르

세 종족이 사는 마을

반지의 제왕에 나오는 중간계에는 세 종류의 종족이 살고 있습니다.

> ① 난쟁이 : 육각형의 집에 살고 항상 정직하다.
>
> ② 인간 : 오각형의 집에 살고 거짓말만 한다.
>
> ③ 요정 : 원형의 집에 살고 말하는 것은 모두 현실이 된다.

90명의 중간계 종족이 30명씩 세 그룹이 되어 마을에 모였습니다. 한 개의 그룹은 모두 같은 종족입니다. 또 다른 하나의 그룹은 균등하게 두 개의 종족으로 구성되고, 마지막 그룹은 균등하게 세 개의 종족으로 구성되어 있습니다.

첫 번째 그룹의 종족들 모두 "나는 난쟁이이다" 라고 말하고, 두 번째 그룹의 종족들 모두 "나는 인간이다" 마지막 그룹은 모두 "나는 요정이다" 라고 말했습니다. 그렇다면 그 날 밤 오각형의 집에 자게 될 인간 몇 명일까요?

자신의 종족을 무엇이라 했는가?	그룹의 명수	실제는	어떻게 변하였을까?
인간	30	30명의 요정	30명의 인간
요정	15:15	15명의 인간 15명의 요정	15명의 인간 15명의 요정
난쟁이	10:10:10	10명의 난쟁이 10명의 인간 10명의 요정	10명의 난쟁이 10명의 인간 10명의 요정

55명의 인간이 그날 밤 오각형의 집에서 자게 됩니다.

요정만이 자신들이 인간이라고 말할 수 있습니다. 난쟁이가 인간이라고 말한다면 거짓말이 되고, 인간이 말한다면 진실이 됩니다. 그러므로 자신들이 인간이라고 말할 수 있는 그룹은 모두 요정이고 30×1의 그룹입니다.

이 그룹의 요정은 모두 인간의 종족으로 변할 것입니다. 왜냐하면 요정이 말하는 것 모두가 현실이 되기 때문입니다. 요정이라고 말한 그룹에는 인간과 요정이 각각 15명씩 있는 15×2의 그룹이 될 것입니다. 난쟁이는 항상 정직하기 때문에 자신을 요정이라고 할 수 없기 때문이죠. 마지막으로 자신을 요정이라고 하는 그룹은 인간, 요정과 난쟁이가 각각 10명이 되는 그룹일 것입니다. 난쟁이는 거짓말을 하는 것이 아니고, 인간은 거짓말을 하는 것이며 요정은 난쟁이가 될 것입니다.

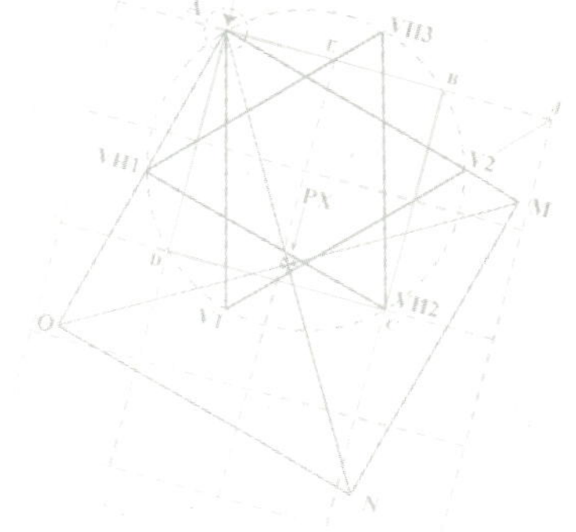

논리를 배우는 목적은
판단력을 기르기 위해서이다

세익스피어의 유명한 희극 『베니스의 상인』을 살펴봅시다. 이탈리아의 베니스를 배경으로 펼쳐지는 이 작품의 주인공 바사니오는 포시아에게 청혼을 하러 아름다운 섬 벨몬트로 향합니다. 미와 부, 지혜까지 겸비한 포시아를 아내로 얻기 위해 프랑스, 아프리카, 영국 각지에서 구혼자들이 몰려듭니다. 그러나 그들은 금, 은, 납으로 만들어진 세 개의 상자 중 포시아의 초상화가 들어있는 상자를 찾는 시험을 거쳐야만 그녀의 사랑을 얻을 수 있습니다.

———(중략)———

포시아는 구혼자들에게 다음과 같이 말합니다.

"귀인들 앞에 놓여 있는 통 세 개 가운데 하나는 금으로 된 것이고 하나는 은으로, 하나는 납으로 된 것이에요. 통 위에는 각각 한 마디 글이 새겨져 있는데 그 가운데 한 마디만 진실입니다. 나의 초상이 어느 통에 들어있다는 것을 알아맞히는 사람을 저의 남편으로 받아들이겠어요."

총명한 청년 안토니오는 논리의 추리수단을 이용하여 문제를 풀고, 포시아와 백년
가약을 맺습니다.

어떻게 안토니오는 알아맞힐 수 있었을까요?

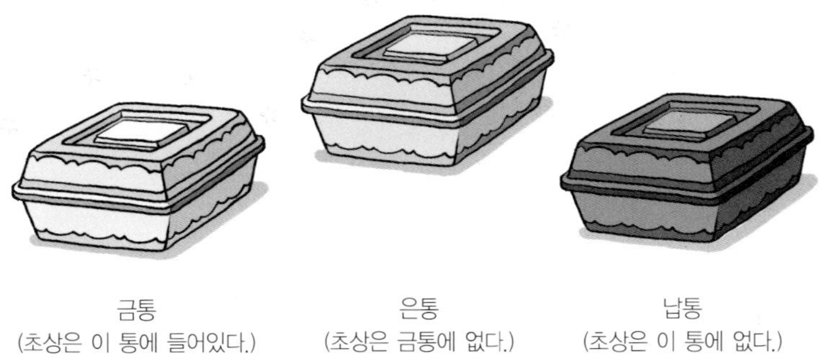

금통	은통	납통
(초상은 이 통에 들어있다.)	(초상은 금통에 없다.)	(초상은 이 통에 없다.)

그는 다음과 같은 점을 유심히 살펴보았습니다. 금통에 써놓은 "초상은 이 통에 있
다"는 글과 은통에 써놓은 "초상은 금통에 없다"는 글은 상호 모순되는 글입니다. 때
문에 이 두 마디 가운데 당연히 한 마디는 진담일 것이며, 한 마디는 거짓말일 것입니
다. 어떤 것이 진담이며 어느 것이 거짓말이냐는 생각할 여지도 없습니다. 진담이 한
마디라면 이미 사용해버린 것이기 때문입니다. 그러므로 납통에 써놓은 글은 거짓말
이 되고, 당연히 "초상은 이 통에 없다"는 글은 거짓말이 되었으므로 초상은 이 통에
들어 있는 것입니다.

이와 같이 명제가 의미하는 내용 또는 인간의 의식 속에 존재하는 명제의 참, 거짓
을 판단할 때 사용되는 능력이 논리력입니다.

올바른 논리력을 키우기 위해서는 여러 종류의 판단을 구별할 수 있어야 합니다.

논리는 명제의 진위를 밝히는 사실 판단이 기본이긴 하지만 문화 예술 작품에 대
한 정서적 판단(감상 또는 비평)이나 어떠한 가치 원리에 입각하여 내려지는 가치 판
단도 있기 때문입니다.

범인을 밝혀낸 촌장

어떤 마을에서 그 마을에 대대로 내려오는 중요한 물건을 도둑 맞았습니다.

평화롭던 이 마을은 도난 사건 이후로 서로를 의심하게 되면서 갑자기 인심이 사납게 바뀌었습니다.

마을 촌장은 이것을 보고 하루 빨리 도둑을 잡아야겠다고 생각하고, 먹물이 들어 있는 항아리 앞으로 마을 사람들을 모았습니다.

"여기 앞에 놓인 항아리 속에는 도둑을 잡는 두꺼비가 들어 있소. 횃불을 끈 다음에 한 사람씩 나와 이 항아리 속에 손을 넣으시오. 만일 도둑이 손을 집어넣으면 두꺼비가 손을 잘라 먹을 것이고, 도둑이 아닌 사람이 손을 넣으면 아무 일도 없을 것이오."

촌장이 어떤 생각을 하고 이런 일을 벌인 것인지 생각해 봅시다.

다음은 마을 촌장이 어떻게 범인을 잡을까 생각하는 과정입니다.

1. 범인은 자신이 범인인지 알고 있다.

2. 다른 사람들은 범인이 누구인지 모른다.

3. 범인이 위기를 느껴 범인임을 감추려는 행동을 하게 만들어야겠다.

4. 그런 행동을 하게 할 때, 범인이 아닌 사람은 전혀 영향을 받지 않는 상황이어야 한다.

따라서 촌장의 생각을 명제로 나타내면 다음과 같습니다.

"만일 이 마당에 있는 사람의 손이 깨끗하면, 그 사람이 범인이다."

과연, 촌장의 생각대로 되었을까요? 그렇습니다. 다른 사람들은 두꺼비가 두렵지 않으므로 손을 푹 담궈서 먹물에 손이 젖었으나 범인은 두꺼비에게 손을 잘릴까봐 손을 슬쩍 넣다 말았을 것입니다. 따라서 먹물에 손이 젖지 않아 범인만 하얀 손으로 서 있었던 것입니다.

이렇게 어떤 문제를 합리적으로 해결하려면 이치에 닿는 생각이 필요합니다.

위에서 "만약 마당에 있는 사람의 손이 깨끗하면, 그 사람이 범인이다"와 같이 촌장이 생각했던 문장을 명제라고 합니다. 이때 '만일 이 마당에 있는 어떤 사람의 손이 깨끗하면'은 가정이고, '그 사람이 범인이다'는 결론이라고 합니다.

그런데 이때, 마당에 서 있지 않았던 사람의 손이 깨끗하다고 해서 범인이라고 말할 수 있을까요? 다른 마을에 있는 사람의 손이 깨끗하다고 해서 그 사람이 범인이 될 수는 없습니다. 이처럼 명제에서는 가정과 결론의 관계가 중요합니다.

| 제논의 역설 1 | **모든 운동이란 있을 수 없다.**

A에서 B까지 움직이려면 반드시 선분AB의 중점 C를 지나야 합니다. 또 C까지 가려면 선분 AC의 중점 D를 지나야 합니다. 이와 같이 그 중점을 계속 지나야 하는데 그런 점들은 무한히 많으므로 A에서 B까지 영원히 갈 수 없습니다. 따라서 운동이란 있을 수 없다는 역설입니다.

| 제논의 역설 2 | **아킬레우스(Achiles) 앞에서 달리고 있는 거북이를 영원히 잡을 수 없다.**

아킬레우스가 거북이가 처음 있던 점까지 가면 거북이는 이미 어느 정도 전진해서 좀 더 앞에 있습니다. 또 그 점까지 가면 이미 거북이는 좀 더 앞에 나가 있습니다. 이렇게 계속 전진해 나가면 영원히 아킬레스는 거북이를 잡을 수 없다는 역설입니다.

| 제논의 역설 3 | **공중을 날으는 화살은 움직이지 않고 정지하고 있다.**

움직는 화살이 어느 특정한 지점 A에 왔을 때, 그 위치에 순간적으로 정지하고 있습니다. 또 다른 특정한 점 B에 왔을 때도 마찬가지로 점 B에 순간적으로 정지하고 있습니다. 또, C, D, E, … 등 계속 그 위치에 순간적으로 정지하고 있으며, 이런 일들은 순간적으로 연속하여 일어나는 것이지 화살은 움직이는 것이 아니라는 역설입니다.

| 제논의 역설 4 | **어느 일정 시간은, 그 절반의 시간과 같다. 즉 $2t = t$ 이다.**

(가)

| A1 | A2 | A3 | A4 | A5 | A6 | A7 | A8 |

| B8 | B7 | B6 | B5 | B4 | B3 | B2 | B1 |

| C1 | C2 | C3 | C4 | C5 | C6 | C7 | C8 |

(나)

| A1 | A2 | A3 | A4 | A5 | A6 | A7 | A8 |

| B8 | B7 | B6 | B5 | B4 | B3 | B2 | B1 |

| C1 | C2 | C3 | C4 | C5 | C6 | C7 | C8 |

그림 (가)처럼 나란히 세 물체가 있습니다. A는 정지해 있고, B는 오른쪽으로, C는 왼쪽 방향으로 같은 속도로 움직이다보면 세 물체가 (나)처럼 되는 순간이 있습니다. 이때 B1은 A5, A6, A7, A8의 4칸을 지나가야 하고, 동시에 B1은 C1에서 C8까지 8칸을 지나가야 합니다. 그러므로 B1이 C를 지날 때 소요되는 시간은 A를

지날 때의 두 배가 되어야 합니다. 그러나 B와 C는 동일한 시간에 그림 (나)의 위치에 도달합니다. 따라서 일정 시간이라는 것은 그것의 두 배와 같습니다.

제논의 역설처럼 언어표현에 얽힌 역설로 유명한 것 중에는 '에피메니데스(Epimenides)의 역설'이 있습니다. 이것은 크레타의 철학자 에피메니데스가 "크레타인은 거짓말쟁이다"라고 말했다는 것에서 문제가 된 역설입니다. "크레타인은 거짓말쟁이다"라는 명제의 애매함을 이해하기 위해서는 이 명제가 "모든 크레타인은 거짓말쟁이다"라는 것을 의미한다고 간주해야 합니다. 게다가 '……는 거짓말쟁이다'라는 부분을 '……은 항상 거짓말을 한다'라는 의미로 이해할 필요가 있습니다. 그러나 이 명제를 엄밀하게 역설로 취급하기 위해서는 이것으로는 충분하지 않습니다. 이를 위해서는 이 명제를 "(크레타인) 에피메니데스가 지금 말하고 있는 것은 거짓이다"라는 의미로 해석해야 합니다.

우선 "에피메니데스가 지금 말하고 있는 것은 거짓이다"라는 명제가 참이라고 합시다. 그렇다면 에피메니데스가 지금 말하고 있는 것은 거짓이 됩니다. 그런데 에피메니데스가 지금 말하고 있는 것이란 명제의 전체, 즉 "에피메니데스가 지금 말하고 있는 것은 거짓이다"라는 것입니다. 따라서 "에피메니데스가 지금 말하고 있는 것은 거짓이다"라는 명제는 거짓이 됩니다.

이번에는 "에피메니데스가 지금 말하고 있는 것은 거짓이다"라는 명제가 거짓이라고 합시다. 그러면 이 명제가 부정되기 때문에 참이 됩니다. 그런데 에피메니데스가 지금 말하고 있는 것이 "에피메니데스가 지금 말하고 있는 것은 거짓이다"라는 명제이므로 "에피메니데스가 지금 말하고 있는 것은 거짓이다"라는 명제는 참이 됩니다.

이와 같이 명제를 참이라고 가정하면 거짓이라는 결론을 얻고, 거짓이라고 가정하면 참이라는 결론이 도출되는 역설이 발생합니다.

이상한 나라의 앨리스의 저자는 수학자?

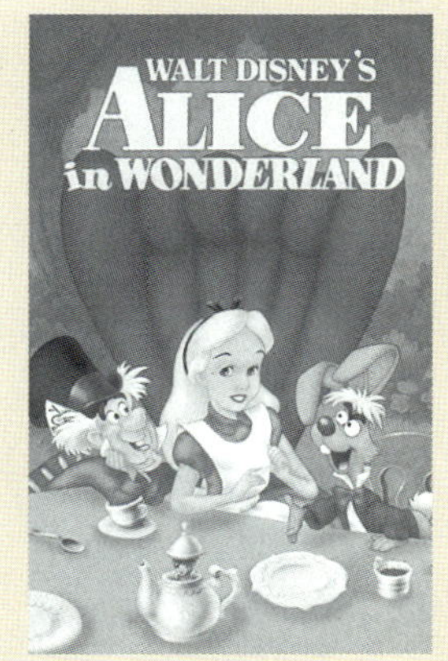

이상한 나라의 앨리스

루이스 캐럴, 본명 찰스 루트위지 도지슨(Charles Lutwidge Dodgson)이라는 빅토리아 시대의 수학 교수는 『이상한 나라의 앨리스』와 『거울 나라의 앨리스』가 아니었으면 아마 역사 속으로 잊혀져 버렸을 것입니다. 수학논리 교수로서 당대의 재능 있는 수학자이긴 했지만 수학사에 이름을 남길 정도의 업적을 세운 것은 아니고, 또 뛰어난 인물사진가이긴 했지만 아마 사진 연구자들에게만 관심을 끌었을 것이기 때문입니다.

그러나 도지슨이 그의 꼬마친구 앨리스 리델에게 주려고 쓴 앨리스 2부작은 사후 100년이 지난 지금까지도 그의 이름을 불멸의 존재로 만들었습니다. 그는 루이스 캐럴이라는 필명을 써서 수학자이자 자연인인 도지슨과 동화작가로서의 루이스 캐럴을 엄격히 구별하려고 노력했지만, 앨리스 2부작과 그 뒤에 발표한 『실비와 브루노』 등의 작품 속에는 논리적 역설을 사랑하는 수학자의 감성이 고스란히 녹아 있습니다.

수학자로서의 도지슨은 남긴 업적 중 가장 뛰어난 것은 형식논리입니다. 그의 연구는 『상징적 논리(Symbolic Logic)』등의 저서를 통해 알려져 있습니다. 하지만 마틴 가드너에 따르면 그가 독보적으로 기여한 분야는 '수학 레크레이션'입니다. 그가 루이스 캐럴이라는 이름으로 출판한 픽션과 운문 속에는 어린 소녀들에게 보낸 편지가 있고, 일기에서는 다양한 수학 게임, 퍼즐, 논리적 역설, 수수께끼, 말놀이, 게임의 규칙들을 발견할 수 있습니다. 그는 이런 수학 퍼즐들을 진정으로 즐겼으며 어린이들을 위한 수학 퍼즐 책도 발간했습니다.

캐럴이 제시한 퀴즈를 하나 풀어봅시다.

'고양이 한 마리가 1분에 쥐 한 마리씩 죽인다면 60000마리를 죽이는데 시간이 얼마나 걸릴까요?'

이 문제에 대한 캐럴의 해답은

'아마도 고양이가 죽을 것이다' 입니다.

루이스 캐럴은 수학적 사고를 현실, 특히 어린이의 눈높이에 맞추고자 애쓴 수학 교사였습니다. 그리고 수학적 사고가 풍부한 문화적 교양과 창조력에 미치는 영향을 여러 작품을 통해 증명한 수학자이기도 합니다.

2. 아리스토텔레스의 삼단논법

아리스토텔레스는 삼단논법을 '어떤 사물들이 진술되는 표현 양식이며, 진술되는 것 이상의 어떤 것이 필연적으로 그 진술로부터 나타나게 되는 표현 양식'이라고 정의하였습니다. 이것을 '내포의 원리'라고 하는데, 아리스토텔레스가 특히 강조했던 것은 "과학적 표현은 엄밀하게 한 단계로부터 다른 단계로 진행되어야 한다"는 점이었습니다. 그

아리스토텔레스

래서 그는 결론이 전제로부터 올바르게 추론될 수 있게 해주는 규칙들을 발견하려고 노력했습니다.

그렇다면 어떻게 우리가 내린 결론이 그것의 전제로부터 추론된다는 것을 확신할 수 있을까요? 혹은 우리가 어떤 두 가지 명제를 가지고 있을 때, 어떻게 이 양자로부터 제3의 명제를 추론할 수 있을까요?

아리스토텔레스에 의하면 이러한 문제들의 대한 대답은 삼단논법의 기본 구조 속에서 발견될 수 있습니다. 아리스토텔레스는 '인간은 죽는다'라는 명제는 인간의 본질적 속성들 중 한 가지를 묘사해 주는 것이라고 파악했습니다. 반면에 '누군가 검은색의 머리카락을 가지고 있다'라는 명제는 우연적인 것입니다. 왜냐하면 한 인간에게 있어 머리카락의 색, 혹은 머리카락을 가졌다는 사실조차도 필연적이거나 본질적인 사항이 아니기 때문입니다. 그러나 인간에게 죽는다는 사실은 '본질적'이며, 과학적 명제들은 사물의 본질적 속성을 내포합니다.

바로 여기에서 삼단논법의 특수한 언어 연관 형식이 발생합니다. 왜냐하면 삼단논법은 본질적인 속성들에 관한 명제들을 연결시킴으로써, 결론이 필연적으로 나타나게 되는 방식이기 때문입니다. 결론을 유도하는 것은 대전제와 소전제의 단일 명사인데, 그것은 이 두 전제를 연결시킴으로써 결론에 필연적으로 도달합니다.

명제들을 연결해 주는 이 명사를 아리스토텔레스는 ‘중명사’라고 불렀습니다.

“내가 말하는 중명사는 그 자체는 다른 것 속에 존재하면서 그 속에 다른 것을 내포하는 명사이다. 그것의 위치는 필연적으로 중간이다.”

‘모든 인간은 죽는다’라는 명제가 참인 이유는 그 명제가 ‘모든 생명체는 죽는다’라는 대전제와 ‘모든 인간은 생명체이다’라는 소전제로부터 증명사(여기서는 생명체)에 의해 연결된 결론이기 때문입니다. 여기서 증명사는 ‘죽는다’라는 술어와 ‘모든 인간’이라는 주어를 연결해 줍니다. 그러므로 ‘모든 인간은 죽는다’라는 결론이 나오게 되는 것이며, 이러한 결론이 검증 가능한 참이 되는 것입니다. 아리스토텔레스는 삼단논법의 구조를 다음과 같이 설명하였습니다.

만일 A가 모든 B에 속하면

또한 B가 모든 C에 속한다면

A는 필연적으로 모든 C에 속한다.

아리스토텔레스는 짜임새 있는 추론을 위해 하나의 형식적인 도구를 제공하였는데, 형식적이라는 점에서 그 추론은 수학과 유사합니다. 추론은 대전제와 소전제 그리고 결론으로 구성됩니다.

대전제 : A는 모든 B에 속한다. (모든 생명체는 죽는다.)

소전제 : B는 모든 C에 속한다. (모든 인간은 생명체이다.)

결　론 : A는 필연적으로 모든 C에 속한다. (모든 인간은 죽는다.)

비록 아리스토텔레스의 삼단논법은 전제와 결론 사이의 논리적인 관계를 결정하기 위한 도구지만, 그가 삼단논법을 제시한 이유는 단순히 논리적인 추론을 확실히 하려는 데 있지 않았습니다.

그의 실제 목적은 과학적인 논증을 위한 도구를 제공하려는 것이었습니다. 이러한 이유에서 그는 논리학과 형이상학의 관계 즉, 우리의 인식방법과 사물들의 존재 및 행동 양식간의 관계를 거듭 강조했던 것입니다.

아리스토텔레스 생각에 의하면 언어가 반영하는 사물들은 상호 연관되어 있기 때문에 단어들이나 명제들도 상호 연관된다는 것입니다. 그러므로 전제가 타당한 가정에 근거하지 않는다 해도 (즉, 만일 전제가 참된 실제를 반영하지 않는다 해도) 삼단논법은 논리적으로 사용될 수 있는 것입니다. 단지 진리나 과학에 도달하지 못할 뿐이지요. 따라서 아리스토텔레스는 세 종류의 추론을 구분하였습니다.

세 가지 추론은 모두 삼단논법을 도구로써 사용할 수 있지만 서로 다른 결론에 도달합니다.

첫째는 변증법적 추론입니다. 그것은 일반적으로 인정되는 의견들로부터의 추론입니다.

둘째로는 논쟁적인 추론입니다. 그것은 일반적으로 인정되는 것 같지만 실제로는 그렇지 않은 속견들로부터 출발합니다.

셋째로는 논증적인 추론입니다. 이 추론이 출발하는 전제들은 참이며 근본적입니다.

어느 섬에서 왔나요?

P섬에 사는 사람들은 오직 진실만을 말하고, Q섬에 사는 사람들은 오직 거짓만을 말합니다. 여기에 P섬과 Q섬에서 온 세 사람 A, B, C가 있습니다. A에게 어디서 왔느냐고 물었더니 잘 알아들을 수 없도록 말했습니다. B에게 A가 뭐라고 말했느냐고 물었더니, B가 "A는 Q섬에서 왔다고 말했다"라고 했고, 이 말은 들은 C가 "B의 말을 믿지 마시오"라고 말했습니다. 과연 A, B, C 는 어느 섬에서 왔을까요?

이 문제는 서양에서 오랫동안 전해 내려오는 유명한 문제 가운데 하나이며 다른 상황에서 다양하게 주어질 수 있는 문제입니다. 이 문제에서 가장 중요한 것은 A, B, C 어느 누구도 "나는 Q섬에서 왔다"라고 말할 수 없다는 것입니다. 왜냐하면 P섬에서 왔다면 진실을 말하므로 "나는 Q섬에서 왔다"라고 말할 수 없고, Q섬에서 왔으면 거짓을 말하게 되므로 "나는 Q섬에서 왔다"라고 말할 수가 없습니다. 따라서 B가 "A는 Q섬에서 왔다고 말했다"고 했으니 분명히 B는 거짓을 말하고 있는 것입니다. B는 "Q섬에서 왔다" 또한 C가 "B의 말을 믿지 마시오. 그는 거짓을 말하고 있소"라고 진실을 말했으므로 C는 P섬에서 왔습니다.

논리력을 키워라

A, B, C 세 명은 각각 X동 또는 Y동에 살고 있습니다.

X동의 주민은 4월 1일에 반드시 거짓말을 하고, Y동의 주민은 4월 1일에 반드시 진실을 말합니다. A, B, C 에게 어느 동에 살고 있는가를 4월 1일에 물어보았더니 다음과 같이 대답하였습니다.

> A : B와 C는 같은 동에 살고 있다.
>
> B : A와 나는 다른 동에 살고 있다.
>
> C : A는 X동에 살고 있다.

누구의 말이 진실일까요?

풀이

A의 말이 참이라고 하면 A는 Y동, C는 X동에 사는 것이 확실하지만, B가 X동에 살면서 사실을 말했거나 Y동에 살면서 거짓을 말한 셈이 되어 모순입니다.

또, B의 말이 참이라고 하면 B는 Y동에 살고, A는 X동에 살고, C도 Y동에 사는 것이 되는데, X동에 사는 A도 참말을 한 것이 되어 모순이 됩니다.

그렇다면 남은 C의 말이 사실이라고 가정해 봅시다. C는 Y동, A는 X동에 삽니다. 따라서 A의 말은 사실일 수 없으므로 B와 C는 다른 동에 사는데, C가 Y동에 산다고 가정했음으로 B는 X동에 사는 것이 됩니다. 그래서 B는 A와 다른 동에 산다는 거짓을 말하고 있습니다. 그러므로 이 가정은 옳은 것이 됩니다. 따라서 C의 말이 맞습니다.

이발사의 역설

이 역설의 문제는 수학에서 아주 중요하게 다루어지고 있습니다. 대학 수학 능력 시험에서도 이 역설의 수학적인 표현에 대한 문제가 출제된 바 있습니다.

이발사의 역설은 이를 제기한 영국의 버틀란드 러셀의 이름을 붙여 러셀의 역설이고 부르는데, 그는 논리주의자로 역설을 즐겼다고 합니다.

다음에 나오는 이발사의 이야기도 그의 역설 중 하나입니다.

세빌리아의 이발사는 입구에 다음과 같은 팻말을 써 붙여 놓았습니다.

"나는 세빌리아 모든 사람들 중에서 스스로 면도하지 않는 사람들만을 면도해 준다."

여기서 생각할 문제 한 가지가 있습니다. 그렇다면 세빌리아 사람인 이발사 자신의 면도는 누가 해 주어야 할까요?

러셀

만약 자신이 면도를 한다면 그는 스스로 면도하는 사람들에 속합니다. 그러므로 그는 스스로 써 붙인 팻말에 따라 그런 부류의 사람들을 면도해 주어서는 안됩니다. 그러므로 그는 스스로 면도할 수가 없습니다. 그런데 만약 누군가 다른 사람이 이발사를 면도해 준다면 그 이발사는 스스로 면도하지 않는 사람의 집합에 속하게 됩니다. 즉, 그가 써 붙인 팻말에 따라서 "그는 그러한 모든 사람을 면도해 준다"라고 했기 때문에 다른 사람이 그를 면도해 줄 수 없습니다. 결과적으로 아무도 이발사의 면도를 해 줄 수가 없게 되는 것입니다.

러셀은 집합에 관한 자신의 역설을 설명하기 위해 이발사의 역설을 이용했었습니다.

어떤 집합들은 스스로를 포함하고 있는 듯이 보입니다. 예를 들어, 포도가 아닌 모든 것을 포함하는 집합이 있다고 합시다. 그러면 그 집합 자체도 포도가 아닌 어떤 것이므로 스스로를 포함해야 합니다.

이번에는 스스로를 포함하지 않는 모든 집합의 집합을 생각해 봅시다. 이 집합은 스스로를 포함하고 있을까요?

어떤 대답을 하건 간에 그것은 모순에 빠지게 됩니다. 이 역설은 논리학의 역사에서 가장 극적인 전환점을 만들었습니다.

카드의 진실

봉합된 봉투에 1에서 4까지의 숫자 중 하나가 쓰인 카드가 한 장 들어있습니다. 아래 네 문장 중 세 문장은 진실이고 나머지 한 문장은 거짓입니다.

> Ⅰ. 숫자는 1이다.
>
> Ⅱ. 숫자는 2가 아니다.
>
> Ⅲ. 숫자는 3이다.
>
> Ⅳ. 숫자는 4가 아니다.

다음 중 어느 것이 참일까요?

(a) Ⅰ는 진실이다.　　(b) Ⅰ는 거짓이다.　　(c) Ⅱ는 진실이다.

(d) Ⅲ은 진실이다.　　(e) Ⅳ는 거짓이다.

풀이

Ⅰ과 Ⅲ이 동시에 거짓이 될 수 없으므로 숫자는 1 또는 3이어야 합니다.

그러므로 Ⅰ과 Ⅲ 중 하나는 거짓이고, Ⅱ와 Ⅳ는 참이어야 합니다. 따라서, (c)는 반드시 참입니다. 같은 이유에 의해 (e)는 반드시 거짓입니다.

만약 숫자가 1이면 (b)와 (d)는 거짓입니다.

만약 숫자가 3이면 (a)는 거짓입니다.

에피메니데스의 역설 1

다음 명제는 에피메니데스의 역설을 발생시킵니다.

> **이 테두리 안에 쓰여 있는 것은 거짓이다.**

　아래의 【문장 a】는 이 명제가 에피메니데스의 역설을 발생시키는 이유를 설명하고 있습니다. 앞뒤의 논리적인 맥락으로 생각하여, (①)와 (②)에 들어가기에 적당하다고 생각되는 문장을 각각 써 보세요. 단 (①)에 들어갈 문장은 40자 이내, (②)에 들어갈 문장은 45자 이내로 합니다.

문장 a

우선 「이 테두리 안에 쓰여 있는 것은 거짓이다」라는 위의 문장은 진실이라고 본다. 그러면 이 테두리 안에 쓰여 있는 것은 거짓이 된다. 그런데 이 테두리 안에 쓰여 있는 것이란 「이 테두리 안에 쓰여 있는 것은 거짓이다」라는 것이다. 따라서 (①).

이번에는 「이 테두리 안에 쓰여 있는 것은 거짓이다」라는 명제가 거짓이라고 본다. 그러면 이 테두리 안에 쓰여 있는 것은 거짓이 아닌 것이 된다. 즉 이 테두리 안에 쓰여 있는 것은 진실인 것이 된다. 그런데 (②). 따라서 「이 테두리 안에 쓰여 있는 것은 거짓이다」라는 명제는 진실이 된다.

이와 같이 「이 테두리 안에 쓰여 있는 것은 거짓이다」라는 위의 명제는 에피메니데스의 역설을 발생시킨다.

풀이

① 「이 테두리 안에 쓰여 있는 것은 거짓이다」라는 명제는 거짓이 된다.

② 「이 테두리 안에 쓰여 있는 것」이란 「이 테두리 안에 쓰여 있는 것은 거짓이다」라는 것이다.

에피메니데스의 역설 2

다음 대화도 에피메니데스의 역설을 발생시킨다.

> 소크라테스가 말하길, "플라톤의 발언은 거짓이다."
>
> 플라톤이 말하길, "소크라테스의 발언은 진실이다."

아래의 【문장 b】는 이 대화가 에피메니데스의 역설을 발생시키는 이유를 설명하고 있습니다. 전후의 논리적인 맥락으로 생각하여, (①)와 (②)에 들어가기에 적당하다고 생각되는 문장을 써 보세요. 단 (①)에 들어갈 문장은 35자 이내, (②)에 들어갈 문장은 15자 이내로 합니다.

> **문장 b**
>
> 소크라테스가 진실이라면, 그 발언은 "플라톤의 발언은 거짓이다"라는 것이기 때문에 플라톤의 발언은 거짓이 된다. 그런데 (①). 따라서 소크라테스의 발언은 거짓이 된다. 한편 소크라테스의 발언이 거짓이라면, 그 발언은 "플라톤의 발언은 거짓이다"라는 것이기 때문에 (②). 그런데 플라톤의 발언은 "소크라테스의 발언은 진실이다"라는 것이다. 따라서 소크라테스의 발언은 진실이 된다. 이와 같이 위의 대화는 에피메니데스의 역설을 발생시킨다.

 풀이

① : 플라톤의 발언은 「소크라테스의 발언은 진실이다」라는 것이다.

② : 플라톤의 발언은 진실이다.

해리포터 속 논리 문제

대부분 '해리포터' 이야기를 영화나 책을 통해 알고 있을 것입니다. 그렇다면 헤르미온느가 논리 문제를 풀어 불꽃을 무사히 뚫고 지나갔던 장면을 떠올려 봅시다. 이 장면은 아쉽게도 영화에서는 생략되었던 부분입니다. 혹시 '해리포터'를 책으로 보지 못

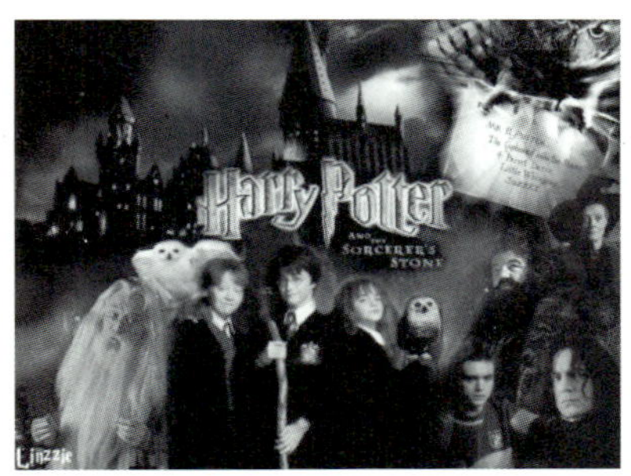

했더라도 걱정 마세요. 지금 함께 살펴보면 됩니다. 해리포터 책에 나온 논리문제는 아래와 같습니다.

앞에는 위험이 뒤에는 안전이 있다.

어느 것을 택하든, 우리 중 두 개가 당신을 도와줄 것이다.

우리 일곱 개 가운데 하나는 당신을 앞으로 움직이게 할 것이고,

또 하나는 뒤로 가게 할 것이다.

우리 가운데 두 개에는 그저 쐐기풀 술이 담겨 있지만

세 개는 독약으로, 어딘가에 숨어서 기다리고 있다.

이곳에 영원히 머물고 싶지 않다면,

무엇을 마실지 골라라.

그리고 선택하는데 다음 네 개의 실마리를 이용하라.

첫째, 독약이 제 아무리 몰래 숨어 있다 해도,

쐐기풀 술 왼쪽에서는 항상 찾을 수 있을 것이다.

둘째, 양쪽 끝에 있는 것들은 서로 다르지만,

바로 그 안쪽에 있는 것들은 둘 다 위험하다.

셋째, 보는 것처럼 병은 모두 크기가 다르다.

제일 작은 병이나 제일 큰 병에는 죽음이 들어 있지 않다.

넷째, 왼쪽 두 번째와 오른쪽 두 번째는

다른 것처럼 보이지만 그 맛은 똑같다.

헤르미온느는 이 문제를 보고 '이것은 마법이 아니라 논리' 라고 말하며 약병을 찾아냅니다. 과연 어떤 병을 선택하여야 할까요?

셋째 실마리에서 병의 크기가 모두 다르다고 하였으므로 위 그림과 같이 나타내었습니다.

둘째 실마리에서 양쪽 끝이 바로 안쪽에 있는 것 둘은 모두 위험하다고 했고, 넷째 실마리에서 2번과 6번은 다른 것처럼 보이지만 그 맛이 같다고 했으므로 즉, 2번과 6번병에는 독약이 들어 있습니다.

첫 번째 실마리에 의해 3번, 7번병에는 쐐기풀 술이 들어있습니다. 이제 네 개의 병에 무엇이 들어있는지 알아냈으므로 독약이 1개, 불을 뚫고 지나가는 약 2개가 남아있습니다.

셋째 실마리에 의해 1번병에는 독약이 들어 있지 않음이 분명합니다.

그런데 셋째 실마리에서 주의할 점이 있습니다. 바로 일상어와 수학에서의 언어 사이의 차이입니다.

셋째 실마리에서 '제일 작은 병이나 제일 큰 병에는 죽음이 들어 있지 않다'고 얘기합니다. 이 말은 우리는 제일 작은 병에도 죽음이 들어 있지 않고, 제일 큰 병에도 죽음이 들어 있지 않다고 이해할 수 있습니다. 그러나 이것을 수학적으로 엄밀히 얘기하면 '제일 작은 병과 제일 큰 병에는 죽음이 들어 있지 않다'고 말해야 옳습니다.

따라서 답은 원작에서 헤르미온느가 말한 것과 같이 가장 작은 병과 가장 큰 병을 마셔야 합니다. 그러나 이 논리는 원작인 『해리포터와 마법사의 돌』에서와 같이 주어진 조건만으로는 하나의 약병밖에 찾을 수 없습니다. 따라서 5번병을 쐐기풀 술이라 가정하고 문제를 풀어야 합니다.

즉, 5번병에 쐐기풀 술이 들어있다고 가정합시다. 그러면 첫 번째 조건에 의해 4번병에는 독이 들어 있습니다.

이렇게 하면 주어진 조건인 쐐기풀 술 2병, 독약 3병, 그리고 불을 안전하게 뚫고 나갈 수 있는 병 2개가 나옵니다.

창의력과 논리적인 사고

많은 사람들이 창의력이라고 하면 지금까지 없던 무엇인가를 생각하고 만들어내는 능력 정도로 막연하게 생각합니다. 물론 창의력의 생명은 신선한 발상입니다. 그러나 창의력을 어떻게 개념 짓던 간에 중요한 것은 그 '창의력을 어떻게 개발하고 발전 시켜 나갈 것인가' 라는 것입니다

여기서 우리는 에디슨이 말한 "천재는 1%의 영감과 99%의 노력으로 이루어진다"라는 말을 인용해서 창의력에 대해 생각해 볼 수 있습니다. 창의력이란 1%의 반짝하는 아이디어와 99%의 현실화하려는 논리적 사고로 구성되어야 합니다. 거의 모든 사람들은 인생을 살아가면서 분명히 가치 있는, 무엇인가 새로운 생각을 했었던 순간들을 갖고 있었을 것입니다. 그러나 대부분 사람들은 자신의 새로운 생각을 구체화하지 못하고 망각해 버립니다. 그들은 1%의 영감은 있지만 99%의 노력이 부족했던 것이지요.

그렇다면 창의적인 사람이 되기 위해 노력해야 할 여러 가지 사고능력 중에서도 그 비중이 큰 논리적인 사고는 어떤 방법과 절차를 통해 개발하고 발전시킬 수 있는 것인가를 고민해 봅시다.

바로 관찰, 분석, 비교, 추리의 순환을 거치면서 사고의 발전이 이루어지는 것입니다. 이러한 과정을 통할 때 논리적 사고가 가능하고, 이런 논리적 사고에 발전을 통해서 창의적인 사고가 가능해지는 것입니다.

4 장

수학의 주춧돌

증명

수학에 있어서는
증명할 수 있는 것이 증명 없이
그대로 믿어져서는 안된다.

— 데데킨트

★★★★

누가 누가 더 긴가

검은색 부분의 도형의 둘레와 직사각형의 둘레를 살펴봅시다. 이 중 직사각형의 둘레의 길이가 더 길다는 것을 증명하여 보세요.

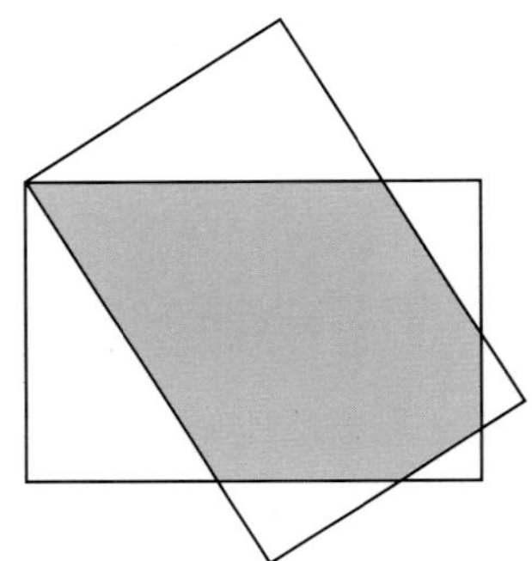

풀이

도형의 검은 부분은 6개의 직각삼각형 빗변으로 이루어져 있고, 직사각형은 6개의 직각삼각형의 나머지 두 변으로 이루어져 있습니다. 그런데 직각삼각형에서 빗변을 제외한 두 변의 길이의 합은 빗변의 길이보다 큽니다. 따라서 직사각형의 둘레의 길이가 더 깁니다.

증명은
수학의 약점을 극복하는 최대의 무기

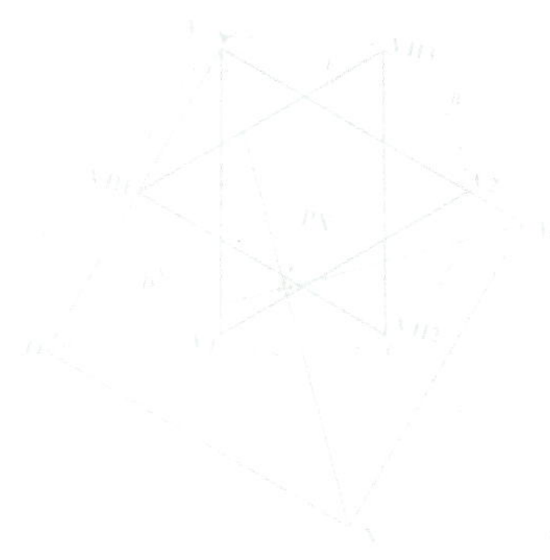

1986년에 개봉된 장 아끄 아노 감독의 영화 『장미의 이름』은 이 시대 최고의 지성인인 움베르토 에코의 장편소설을 영화화한 작품입니다.

영화는 주인공 윌리엄 수사(숀 코네리 분)의 제자이며 조수 격인 아드소의 독백으로 시작됩니다.

『장미의 이름』의 한 장면.
윌리엄 수사(왼쪽)과 그의 조수 아드소 (오른쪽)

"죄 많은 내 인생도 말년에 이르러……. 난 수기를 쓰기로 했다. 1327년 젊은 날의 기이한 일 …… 주여, 내게 지혜를 주소서……."

연쇄 살인 사건은 금서(禁書) 한 권을 둘러싸고 일어나게 됩니다. 새로운 지식을 찾고자 금서에 손을 뻗었던 수도사들은 누군가에 의해 차례로 죽음을 당하고, 수도원은 공포에 휩싸이게 됩니다. 그 금서는 바로 중세적 윤리에 위반된다고 지목된 아리스토텔레스의『시학』2권입니다. 실제로 이 책은 존재하지 않지만 만약 이 책이 실재하여 희극과 웃음의 긍정적 의미를 제시하고 있었다면 어땠을까요? 영화는 바로 이런 상황을 추측해서 풀어갑니다.

연쇄 살인 사건의 해결자인 윌리엄 수사는 이지적이며 타락하지 않은 정신의 소유자입니다. 윌리엄 수사는 문제에 부딪힐 때마다 논리적으로 따지면서 해결의 실마리를 풀어나갑니다. 이단 심판관직에 있을 때도 윌리엄 수사는 무조건적으로 죄수를 마녀 내지 이단으로 몰아가기보다는 합당한 근거를 찾아 해결하려 합니다. 또 그는 제자 아드소가 궁금한 것을 물어보면 바로 답을 알려주는 것이 아니라 오히려 아드소 스스로 깨닫게끔 유도하는 질문을 던집니다. 이것은 고대 그리스 철학자인 소크라테스가 그의 제자들을 가르칠 때 하던 대화법과 비슷하다고 볼 수 있습니다.

소크라테스의 대화법

인간은 모두 죽는다. − 대전제

소크라테스는 인간이다. − 소전제

그러므로 소크라테스는 죽는다. − 결론

이 유명한 글귀는 아리스토텔레스가 이론적 기초를 다듬었다는 삼단논법인데, 윌리엄 수사가 사건을 추리하는 주된 도구가 됩니다. 왜 하필 아리스토텔레스는 소크라테스를 인용하였을까요?

아리스토텔레스의 스승인 플라톤은 소크라테스의 제자였으며, 플라톤은 그의 스승 소크라테스가 처형되는 전말을 지켜보고 정치의 꿈을 접습니다. 플라톤은 스승에 대한 그리움을 철학연구로 돌렸고, 그런 플라톤 밑에서 공부한 아리스토텔레스가 삼단논법의 기본 문장 속에 소크라테스의 이름을 넣었다고 합니다.

이 삼단논법은 수학 관련 분야를 떠나 생활 여러 곳곳에서 많이 활용되고 있는데, 그 일례로 법을 해석하고 적용하는 일반적인 원리에서도 삼단논법은 적용되고 있습니다.

사람을 살해한 자는 사형에 처한다. (대전제) – 법규

갑은 사람을 살해하였다. (소전제) – 사실

갑을 사형에 처한다. (결론) – 판결

여러분도 이 삼단논법을 이용하여 친구들이나 부모님을 설득해본 경험이 있을 것입니다.

청소년은 일곱 시간 이상의 수면을 취해야 한다는데요. – 대전제

저는 청소년이잖아요. – 소전제

그래서, 저는 일찍 자야 합니다. – 결론

이런 방식의 삼단논법은 수학에서 많은 명제들을 증명하는데 기반이 되어 여러 증명법이 발전하게 됩니다. 역사적으로 보면 삼단논법을 처음으로 효과적으로 사용한 수학자는 유클리드입니다.

그럼, 삼단논법을 이용한 수학적 증명 방법에는 어떤 것이 있으며 어떻게 발전했는지 알아보겠습니다.

메네라우스의 정리

오른쪽 그림과 같이 임의의 한 직선이 $\triangle ABC$의 변 AB, AC, BC 또는 그 연장선과 만나는 점을 각각 D, E, F라고 할 때, $\dfrac{\overline{FB}}{\overline{FC}} \cdot \dfrac{\overline{EC}}{\overline{EA}} \cdot \dfrac{\overline{DA}}{\overline{BD}} = 1$임을 증명하여 봅시다.

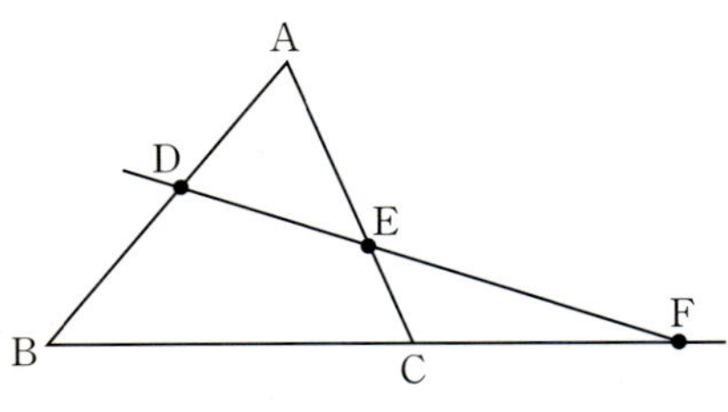

이 정리는 알렉산드리아 출신의 수학자 메네라우스가 발견한 것으로 '메네라우스의 정리' 라고 합니다.

 **풀이**

점 A, B, C에서 직선 위에 내린 수선의 발을 각각 A', B', C'라고 하면 $\overline{AA'} /\!/ \overline{BB'} /\!/ \overline{CC'}$이므로

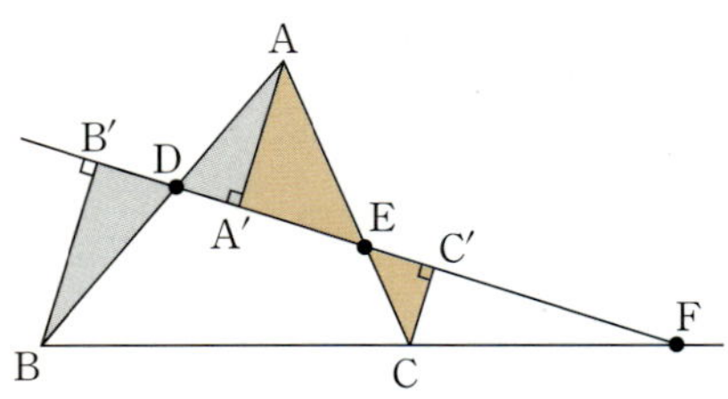

$\triangle FBB' \backsim \triangle FCC'$에서 $\dfrac{\overline{FB}}{\overline{FC}} = \dfrac{\overline{BB'}}{\overline{CC'}}$

$\triangle ECC' \backsim \triangle EAA'$에서 $\dfrac{\overline{EC}}{\overline{EA}} = \dfrac{\overline{CC'}}{\overline{AA'}}$

$\triangle DAA' \backsim \triangle DBB'$에서 $\dfrac{\overline{DA}}{\overline{DB}} = \dfrac{\overline{AA'}}{\overline{BB'}}$

따라서 $\dfrac{\overline{FB}}{\overline{FC}} \cdot \dfrac{\overline{EC}}{\overline{EA}} \cdot \dfrac{\overline{DA}}{\overline{BD}} = \dfrac{\overline{BB'}}{\overline{CC'}} \cdot \dfrac{\overline{CC'}}{\overline{AA'}} \cdot \dfrac{\overline{AA'}}{\overline{BB'}} = 1$

합은 100이 될 수 없다

0부터 9까지의 모든 자연수를 한 번씩만 사용하여 자연수들을 만든 후, 이 자연수들을 모두 더하였습니다. (ex. $12+89+57+60+34$, $1+90+64+5+7+23+8$ 등)

이때, 그 합이 100이 되는 경우는 없음을 증명하여 보세요.

풀 이

자연수들의 합이 100이 되었다고 가정합시다. 덧셈에 사용되는 자연수는 두 자리 이하입니다.

일의 자리의 수의 합은 0부터 9까지 모든 자연수의 합 $0+1+2+3+\cdots+9=45$ 보다 작은 수입니다. 이때, 십의 자리의 수의 합을 k(k는 음이 아닌 정수)라고 하면, 일의 자리의 수의 합은 $45-k$가 됩니다. 따라서 만든 수들의 합은 $10k+(45-k)$가 됩니다.

$$\therefore 10k+(45-k)=100 \qquad \therefore 9k=55 \qquad \therefore k=\frac{55}{9}$$

이는 k가 음이 아닌 정수라는 조건에 모순입니다.

따라서 주어진 조건을 만족하는 자연수들의 합은 100이 될 수 없습니다.

점점 늘어나는 돌무더기의 수

25개의 작은 돌무더기가 있습니다. 이 무더기를 두 부분으로 나누고, 나눈 것을 또 다시 두 개의 무더기로 나누는 조작을 25개의 돌이 모두 분리될 때까지 계속합니다. 무더기를 둘로 나눌 때마다 두 무더기의 돌의 개수의 곱을 칠판에 적어나갑니다. 최후에 칠판에 쓰여지는 수의 합이 300임을 증명하여 봅시다.

풀이

n개$(n>1)$의 돌무더기에서 같은 조작을 하면, 합이 $\dfrac{n(n-1)}{2}$ 이 된다는 것을 밝혀봅시다.

i) $n=2$일 때는 $1\cdot1=\dfrac{2\cdot1}{2}$ 이므로 성립합니다.

ii) $n>2$라 하고, $n<k$에서 성립한다고 가정하면 $n=k$일 때, a와 $k-a$개인 두 무더기로 나누었다고 할 수 있습니다. 이때 칠판에는 $a(k-a)$가 적힙니다. 양쪽 무더기를 다시 나누어갈 때에는 가정을 이용할 수 있습니다. 따라서 최후에 칠판에 적혀지는 수의 합은

$$a(k-a)+\frac{a(a-1)}{2}+\frac{(k-a)(k-a-1)}{2}=\frac{k(k-1)}{2}$$

이 되어서 k일 때도 성립합니다.

그러므로, n개$(n>1)$의 돌무더기에서 같은 조작을 하면

합이 $\dfrac{n(n-1)}{2}$ 이 되므로, $n=25$라고 하면 $\dfrac{25\cdot24}{2}=300$이 되는 것입니다.

1 증명의 시작과 중요성

고대 4대 문명의 발상지는 메소포타미아 문명, 이집트 문명, 황하 문명, 인더스 문명입니다. 이들 지역에서 왜 문명의 싹이 텄을까요?

위 지역의 공통점은 모두 큰 강 유역에서 발생하였다는 것입니다. 메소포타미아 문명은 이라크의 티그리스 강

나일강 유역의 비옥한 땅

과 유프라테스 강, 이집트 문명은 이집트의 나일강, 황하 문명은 중국의 황하, 인더스 문명은 인도의 인더스 강을 둘러싸고 발전하였습니다. 큰 강이 있는 지역은 대부분은 기후가 좋으며 기름진 토지가 넓게 펼쳐져 있고, 물이 풍부하여 농업이 크게 번성할 수 있었던 것입니다.

농업의 발달로 국가 경제가 튼튼해지고 문명이 크게 발전함에 따라 고대 국가들은 토지 관리를 위해 많은 노력을 하게 되었습니다. 특히, 이집트에서는 해마다 홍수로 인해 나일강이 범람하여 휩쓸고 지나가면 다음 토지의 경계선이 없어지기 일쑤였습니다. 그래서 지워진 경계선을 다시 만들어야 하는 필요성 때문에 측량술이 발달했습니다.

이 시대 이집트 사람들은 측량사들을 '(새끼)줄 잡이꾼' 이라고도 불렀다고 합니다. 측량사들은 새끼줄을 이용하여 길이를 재고, 여러 도형의 넓이를 구하는 방법, 건

물을 짓는데 필요한 벽돌의 개수를 계산하는 방법 등 측량의 여러 가지 방법을 알고 있었기 때문입니다.

이집트 사람들은 측량술의 발달로 수학적 지식을 많이 알 수 있었지만 이것은 경험을 통해 알게 된 단편적 지식일 뿐, 그 지식들의 옳고 그름을 판단하는 것에 관심이 없었습니다. 그들은 수학을 실생활에 쓸모있게 이용하는 방법을 알아낸 것에 만족했던 것입니다.

반면 논리적인 사고를 좋아하던 그리스인들은 이 지식이 진리임을 증명하기 위해 많은 노력을 기울였습니다. 그 중에서도 '증명' 이라는 과정을 통하여 각 내용이 확실하게 옳음을 최초로 밝혀 낸 사람이 바로 탈레스입니다. 탈레스는

"맞꼭지각은 같다."

"이등변삼각형의 두 밑각의 크기는 같다."

"삼각형 내각의 합은 $180°$이다."

등 여러 가지 정리를 발견하였고, 그것들을 통해 새끼줄로 직접 재지 않고도 측량을 할 수 있었으며 심지어 측량이 불가능했던 것들도 아주 기발한 방법들로 측정해냈습니다.

이후 그리스의 수학에는 큰 변화가 일어나기 시작했습

탈레스

니다. 단지 그럴 것이라고 추측만 했던 지식들을 논리에 맞게 증명함으로써 그 지식의 옳고 그름을 판단하고, 반론의 여지가 없어졌습니다. 즉, 단순히 거리를 재고 넓이를 계산하던 측량술을 뛰어 넘어 도형의 성질 자체에 관심을 갖는 '학문' 으로 발달하게 된 것입니다. 예를 들어 "세 변의 길이가 3cm, 4cm, 5cm인 삼각형이 직각삼각형이다"라는 것을 아는 것과 "$a^2 + b^2 = c^2$이라는 수식을 만족하는 세 수 a, b, c를 세 변으로 하는 삼각형이 직각삼각형이다"라는 것을 아는 것 중 어느 것이 더 쓸모 있을까요? 당연히 후자일 것입니다.

　사실 옛날에는 동양수학이 서양수학보다 훨씬 발달해 있었습니다. 그러나 동양에서는 경험적으로 습득한 사실들을 그대로 받아들였으며 어떤 의문도 가지지 않는 불문율로 여겼습니다.

　반면에 증명의 전통이 계속 이어진 서양수학은 동양수학보다 훨씬 발달할 수 있었습니다. 이처럼 증명은 수학의 발전에 커다란 힘이 되었으며, 이런 계기를 마련한 선두주자가 바로 탈레스였던 것입니다.

잠깐!

용어 정리

- **공준** : 참이라고 믿는 기본적인 사실
- **공리** : 공준보다 더 일반적인 개념으로 공준은 기하학의 개념이라면 공리는 일반 학문에서 쓰는 공통개념
- **정의** : 용어의 뜻을 규정하는 문장 또는 식
- **명제** : 뜻이 있는 문장으로서, 그의 참, 거짓을 판정할 수 있는 것
- **정리** : 수학적 논증의 결과 옳다고 증명된 사항 중에서 중요한 것

2 직접증명법

다음은 탈레스가 "맞꼭지각의 크기는 같다"라는 사실을 증명한 과정입니다.

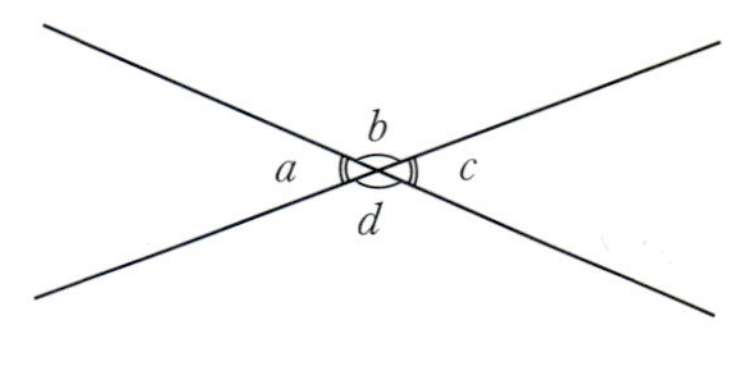

$$\angle a + \angle b = 180° \quad \cdots\cdots ①$$
$$\angle c + \angle b = 180° \quad \cdots\cdots ②$$
$$①-②에서 \ \angle b - \angle d = 0$$
$$\therefore \ \angle b = \angle d$$
$$\therefore \ \angle a = \angle c$$

간단하게만 보이는 이 증명은 '가정'에서 출발하여 정의 혹은 이미 증명된 정리를 이용하여 '결론'을 이끌어내고 있습니다.

위의 탈레스의 증명은

　　[가정] 두 직선 l, m이 한 점에서 만난다.

　　[결론] 맞꼭지각의 크기는 같다.

가 됩니다. 여기서 탈레스는 가정과 평각은 $180°$임을 이용하여 결론을 이끌어 낸 것입니다.

이와 같이 공리, 공준, 정의, 정리 등으로부터 논리적으로 유도하여 결론이 참인 것을 보이는 증명을 '직접증명법'이라고 합니다.

직접증명법의 방법은

ⅰ) 추측한 사실을 명제로 나타냅니다.

ⅱ) 이 명제의 가정과 결론을 알아봅니다.

ⅲ) 증명하기 위한 그림이거나 수식을 사용하여 가정과 결론을 기호로 나타냅니다.

ⅳ) 가정과 공준, 공리, 정의, 정리 등을 잘 이용하여 결론을 유도합니다.

의 순서를 밟아가며 증명을 합니다.

그렇다면 탈레스가 증명한 정리 중 하나인 "삼각형의 세 내각의 합이 180°이다"를 위의 순서에 따라 증명을 하여봅시다.

[명제] 삼각형의 세 내각의 합이 180°이다.

[가정] ∠A, ∠B, ∠C는 삼각형 ABC의 내각이다.

[결론] $\angle A + \angle B + \angle C = 180°$

[증명] 꼭지점 A에서 밑변 BC와 평행한 직선 DE를 긋습니다.

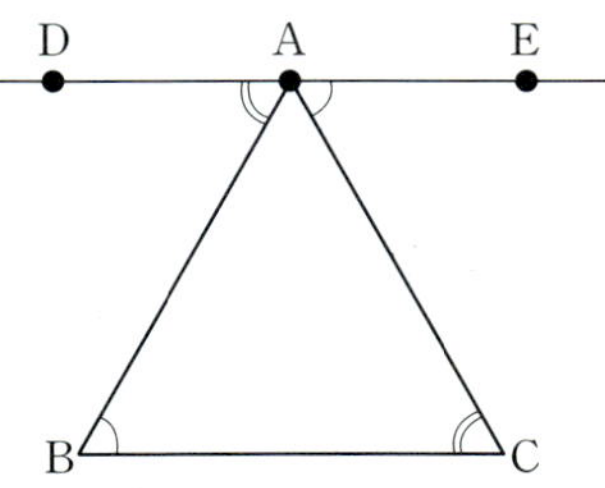

직선 DE $/\!/ \overline{BC}$ 이므로

$\angle B = \angle EAC(\because 엇각)$

$\angle C = \angle DAB(\because 엇각)$

따라서, $\angle A + \angle B + \angle C$

$= \angle A + \angle EAC + \angle DAB = 180°$

따라서 삼각형의 세 내각의 합은 180°입니다.

직선 DE를 어떻게 해서 그을 수 있었을까?

"임의의 점에서 임의의 점에 직선을 그을 수 있다"는 공준을 염두에 두고 이 보조선을 그을 수 있었을 것입니다. 여러분은 문제를 풀 때, 이런 보조선을 공리, 공준, 정의, 정리 등을 잘 생각해 보면서 찾는 연습을 많이 해야 할 것입니다.

이 명제가 참임이 증명되므로 이를 이용하여 그 밖의 다른 다각형의 내각의 합도 구할 수 있습니다. 이렇듯 하나의 정리는 또 다른 새로운 정리를 이끌어 낼 수 있는 길을 마련해 줄 수 있습니다.

도형의 직접증명

탈레스가 증명했던 유명한 명제 중 하나인 "이등변 삼각형의 두 밑각의 크기는 같다"를 직접증명법으로 증명하여 봅시다.

풀이

[가정] $\triangle ABC$에서 $\overline{AB}=\overline{AC}$입니다.

[결론] $\angle B = \angle C$

[증명] 꼭지각 A의 이등분선이 밑변 BC와 만나는 점을 D라고 하면,

$\triangle ABD$와 $\triangle ACD$에서

$\overline{AD}$는 공통

$\angle BAD = \angle CAD$ $(\because \overline{AD}$가 $\angle A$의 이등분선이므로)

$\overline{AB}=\overline{AC}$ $(\because$ 가정에서)

$\therefore \triangle ABD \equiv \triangle ACD$ $(\because$ SAS 합동)

따라서 $\angle B = \angle C$입니다.

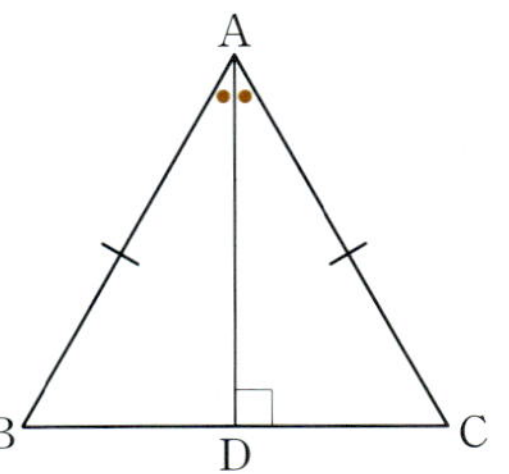

보조선 AD는 어떻게 해서 그을 수 있었을까?

두 밑각의 크기가 같은 것을 알아보려면 어떤 방법이 있을지 생각해 봅시다. 여러 가지 방법이 있겠지만 가장 간단한 방법은 두 각을 서로 겹쳐보는 방법입니다. 두 밑각을 겹쳐 보려면 이 삼각형을 반으로 접어 보았을 것입니다. 그래서 생긴 선이 $\overline{AD}$입니다.

물론 직접증명법이 도형에서만 국한되어 쓰이는 것은 아닙니다. 직접증명법은 여러 분야에서 다양하게 명제의 증명에 사용되고 있습니다. 다음은 수학 연산의 공리를 이용하여 "$a+c=b+c$이면 $a=b$이다 (단, a, b, c는 실수이다)"를 증명한 과정입니다.

$a+c=b+c$의 양변에 $-c$를 더하면

$(a+c)+(-c)=(b+c)+(-c)$　　←등식의 성질

$a+\{c+(-c)\}=b+\{c+(-c)\}$　　←덧셈에 대한 결합법칙

$a+0=b+0$　　←덧셈에 대한 역원

$\therefore a=b$　　←덧셈에 대한 항등원

항등원과 역원

- **항등원** : 임의의 수에 대하여 더하거나 곱하여 자신이 되게 하는 수를 그 연산의 항등원이라고 합니다. 즉, $a+0=0+a=a$이므로 0을 덧셈에 대한 항등원이라 하고, $a\times1=1\times a=a$이므로 1을 곱셈에 대한 항등원이라 하는 것입니다.

- **역원** : 임의의 수에 대하여 더하거나 곱하여 항등원이 되게하는 수를 그 수의 역원이라 합니다. 예를 들어, $3+(-3)=(-3)+3=0$이므로 3의 덧셈에 대한 역원은 -3이고, $3\times\dfrac{1}{3}=\dfrac{1}{3}\times3=1$이므로 3의 곱셈에 대한 역원은 $\dfrac{1}{3}$인 것입니다.

"$a+c=b+c$이면 $a=b$이다"라는 명제는 우리가 수의 계산에서 당연하게 사용하던 성질 중에 하나였습니다. "정말 이런 것도 증명이 가능할까?" 하는 의문이 들 정도로 당연하게 여겨지는 명제도 다 이러한 증명을 거쳐 현재까지 사용하고 있는 것입니다. 그러나 이 직접증명법에도 단점은 있습니다. 다음의 삼단논법을 살펴봅시다.

모든 동물은 네 발로 걷는다. – 대전제

사람은 동물이다. – 소전제

그러므로 사람은 네 발로 걷는다. – 결론

위의 삼단논법에서 사용된 대전제의 내용은 잘못된 것이므로 여기에서 얻어진 결론도 잘못된 것일 수밖에 없습니다. 이렇듯 증명에 사용된 대전제나 소전제가 옳은 것들이라면 결론도 옳게 유도되지만 만약 대전제나 소전제가 잘못되었다면 결론도 잘못될 수밖에 없습니다. 항상 이 점을 명심하면서 직접증명법을 사용하여야 합니다.

연산의 직접증명

다음을 증명하여 보세요.

(1) 실수 a에 대하여 $a \cdot 0 = 0$이다.

(2) (1)번의 명제를 이용하여 실수 a, b에 대하여 $a(-b) = -ab$이다.

풀이

(1) $a = a \cdot 1$이므로 ←곱셈에 대한 항등원

   $a = a(1+0)$ ←덧셈에 대한 항등원

   $= a \cdot 1 + a \cdot 0$ ←분배법칙

   $= a + a \cdot 0$ ←곱셈에 대한 항등원

   양변에 $-a$를 더하면

   $a + (-a) = (a + a \cdot 0) + (-a)$ ←등식의 성질

        $0 = \{a + (-a)\} + a \cdot 0$ ←덧셈에 대한 역원, 교환법칙, 결합법칙

        $0 = 0 + a \cdot 0$ ←덧셈에 대한 역원

      $\therefore 0 = a \cdot 0$ ←덧셈에 대한 항등원

(2) $a(-b) + ab = a\{(-b) + b\}$ ←분배법칙

         $= a \cdot 0$ ←덧셈에 대한 역원

         $= 0$ ←(1)에서

   양변에 $-ab$를 더하면

     $a(-b) + ab + (-ab) = 0 + (-ab)$ ←등식의 성질

       $a(-b) + \{ab + (-ab)\} = -ab$ ←결합법칙, 덧셈에 대한 항등원

           $a(-b) + 0 = -ab$ ←덧셈에 대한 역원

          $\therefore a(-b) = -ab$ ←덧셈에 대한 항등원

욕조의 타일 공사

한 변의 길이가 10cm인 정사각형 모양의 욕조 바닥이 있습니다. 이 바닥의 대각선에는 마주보는 양쪽 구석에 파이프 연결을 위해 한 변의 길이가 1cm인 정사각형 모양의 여백을 남겨두었습니다. 이때, 한 변의 길이가 1cm와 2cm인 직사각형 모양의 타일로 욕조 바닥을 덮을 수 없음을 증명하여 보세요.

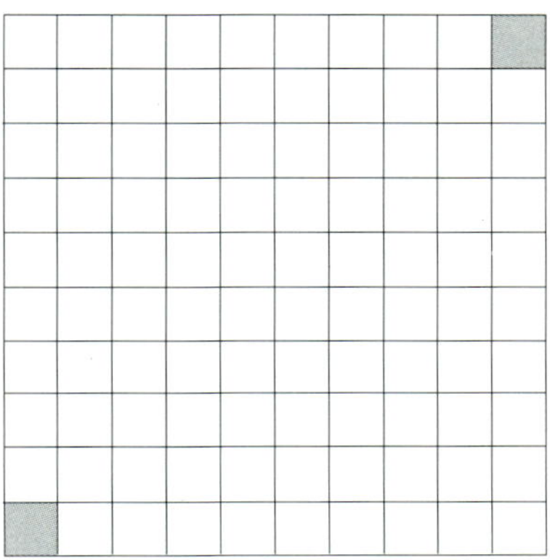

풀이

욕조 바닥을 10×10의 바둑판 모양으로 선을 긋고, 각각 i행, j열의 1×1의 정사각형을 (i, j)라고 번호를 붙입니다. 각 $i+j$가 홀수이면 홀수 영역, 짝수이면 짝수 영역이라 할 때, 1×2타일은 짝수영역 1개와 홀수 영역 1개를 동시에 덮게 됩니다. 이때 1×2타일로 욕조 바닥을 덮을 수 있다면, 짝수 영역의 개수와 홀수의 영역의 개수가 같아야 합니다. 그런데 양쪽 구석의 두 개의 정사각형은 모두 짝수 영역이거나, 홀수 영역인 경우이므로

  ⅰ) 둘 다 짝수 영역인 경우 : 50개의 홀수 영역, 48개의 짝수 영역

  ⅱ) 둘 다 홀수 영역인 경우 : 50개의 짝수 영역, 48개의 홀수 영역

짝수와 홀수 영역의 개수가 다릅니다. 그러므로 이 크기의 타일로 욕조 바닥을 덮을 수 없습니다.

바닥 덮기

$10 \times 10 = 100$(개)의 정사각형으로 이루어진 [그림 1]과 같은 도형이 있습니다. 이 도형을 [그림2]와 같은 'L자 조각' 25개로 덮을 수 없음을 증명하여 보세요.

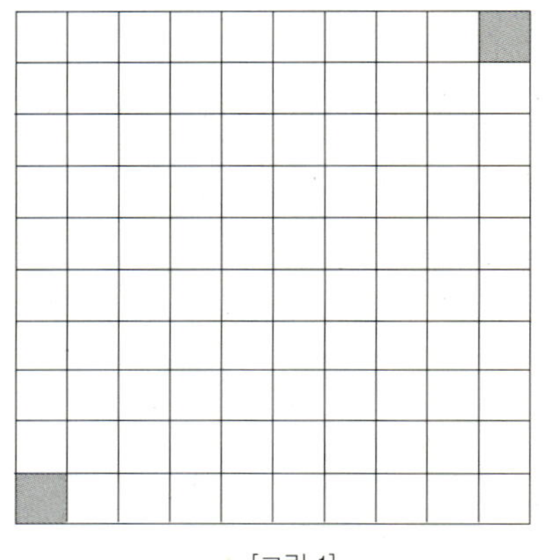

[그림 1]

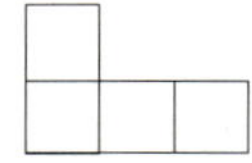

[그림 2]

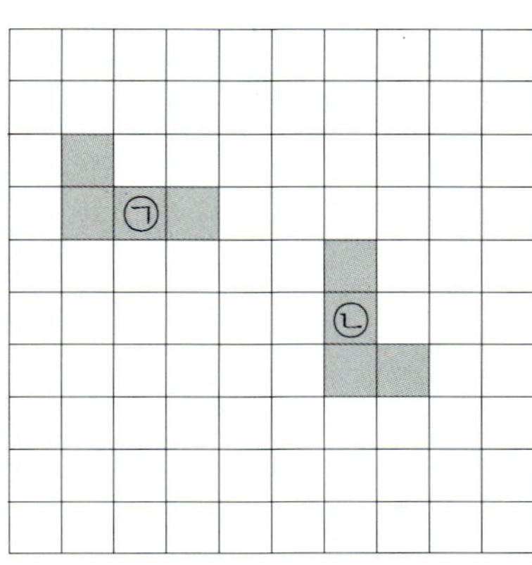

[그림 3]   [그림 4]

[그림 3]과 같이 백색과 흑색을 칠하였을 때, 'L자 조각'은 [그림 4]의 ㉠과 같이 흑1, 백 3을 차지하거나, ㉡과 같이 흑3, 백1를 차지할 수밖에 없습니다.

㉠과 같은 경우의 x개와 ㉡과 같은 경우의 y개로 [그림 1]을 다 덮으려면

$$x+y=25 \cdots ①$$

흑의 개수는 $x+3y$, 백의 개수는 $3x+y$

$$\therefore x+3y=3x+y \cdots ②$$

①, ②를 연립하여 풀면 $x=y=12.5$입니다. 이는 자연수가 아니므로 'L자 조각'으로 [그림 1]의 도형을 다 덮을 수 없습니다.

3 수학적 귀납법

아리스토텔레스 논리학의 기본이 되는 삼단논법을 다시 살펴봅시다.

인간은 모두 죽는다. – 대전제

소크라테스는 인간이다. – 소전제

그러므로 소크라테스는 죽는다. – 결론

"소크라테스가 죽는다"라는 결론은 어찌 보면 "인간은 모두 죽는다"라는 대전제의 일부일 뿐, 새로운 지식이라고 할 수는 없습니다.

"아는 것이 힘이다"라는 격언으로도 유명한 영국의 중세 철학자 베이컨은 "아리스토텔레스의 논리는 그저 이미 알려져 있는 명제들 사이의 논리적 관계만을 이야기할 뿐, 실제의 관찰이나 실험에 의해 얻어진 새로운 지식과는 상관이 없이 그냥 그렇게 믿으라고, 충성을 맹세하라고, 판에 박은 대답만 되풀

프랜시스 베이컨

이한다"는 비판과 함께 학문의 새로운 논리를 펼쳤습니다. 베이컨은 실제의 관찰 자료를 수집하는 것이 무엇보다도 중요하다고 강조하면서 연역법(직접증명법)에 반하는 '귀납법'을 주장했습니다.

귀납법은 경험적 관찰과 실험으로 지식을 획득하는 방법으로 서양 사상의 경험론의 기초입니다. 지금까지 관찰하고 밝혀진 개개의 사실들 즉, 관찰되는 여러 가지 사

실들을 통합해서 하나의 결론을 내는 방법입니다. 귀납법의 예를 들면 다음과 같습니다.

소크라테스는 죽었다. 공자도 죽었다. 진시황도 죽었다. 이순신도 죽었다. – 대전제
소크라테스, 공자, 진시황, 이순신은 모두 사람이다. – 소전제
그러므로 모든 사람은 죽는다. – 결론

그러나 아무리 많은 사실을 경험하고 관찰하여 얻은 사실이어도 모든 사례를 완벽하게 조사, 관찰하는 것은 불가능합니다. 그래서 이로부터 얻은 결론을 일반적인 진리로 여기는 것은 논리적인 오류일 가능성이 커집니다. 실제로 이런 일도 있었다고 합니다. 동물학자들은 많은 사례를 관찰, 확인하여 "모든 백조는 희다"라는 결론을 내렸으나, 나중에 오스트레일리아에서 검은 백조가 발견되어서 이 결론은 한순간에 잘못된 것으로 판명되어 버렸습니다.

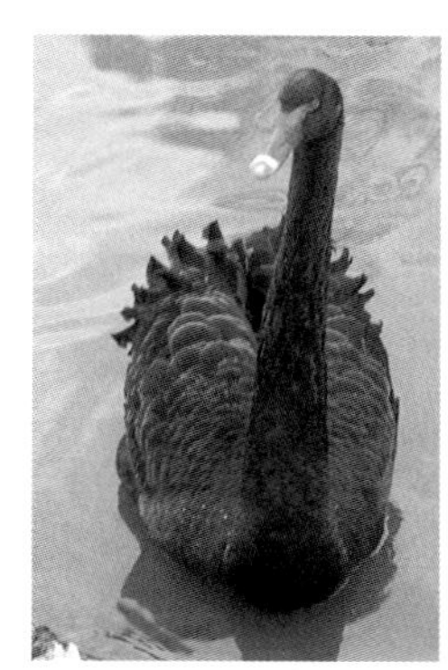

검은 백조(블랙 스완)

이처럼 여러 가지 경험을 통해 귀납법에 의해 얻어진 과학적 법칙은 진리일 가능성이 높은 경험적 지식이지 '절대적이고 확실한 진리' 라고 단언할 수는 없습니다. 경험론에 기초한 귀납법이 이런 오류에 빠지게 된 이유가 무엇일까요?

베이컨을 비롯한 경험과학자들이 제시한 귀납법은 경험적 관찰만을 강조하고, 논리적 사고로 증명된 수학의 법칙은 배재한 증명법입니다. 경험으로부터 나온 결론은 시간이 흐름에 따라서, 또는 상황에 따라서 그 내용이 수정되어야 할 경우가 반드시 생깁니다. 그래서 귀납법은 오류의 가능성이 커지게 된 것이지요.

직접 실험, 관찰 등의 경험을 통해 새로운 지식을 얻는 귀납법적 사고와 보편적 진

리인 공리 속에서 논리적 사고로 또 다른 지식을 추론해 내는 연역적 사고는 서로 반대되는 사고 방식입니다. 그러나 이 둘은 서로의 부족한 점을 보완해주기 때문에 결코 떨어져서는 안 되는 사고 방식이라 할 수 있습니다.

경험이나 관찰에 의해 새로운 지식들은 밝혀져야 합니다. 그리고 새로운 지식은 이미 인정받는 수학적 법칙들로부터 논리적 확신을 받아야만 합니다. 이 두 가지 증명법의 장단점을 잘 보완해서 생긴 증명법이 '수학적 귀납법' 이라 할 수 있습니다.

수학적 귀납법은 불과 1백년 전에 이탈리아의 수학자 페아노에 의해 발표되었습니다.

페아노

다음은 명제 "모든 자연수 n에 대하여 $1+2+3+\cdots+n=\dfrac{n(n+1)}{2}$가 성립한다"를 증명한 것입니다.

증 명

$n=1$ 일 때, (좌변)$=1$, 　　　(우변)$=\dfrac{1(1+1)}{2}=1$ 　　$\therefore$ (좌변)$=$(우변)

$n=2$ 일 때, (좌변)$=1+2=3$, 　(우변)$=\dfrac{2(2+1)}{2}=3$ 　$\therefore$ (좌변)$=$(우변)

$n=3$ 일 때, (좌변)$=1+2+3=6$, (우변)$=\dfrac{3(3+1)}{2}=6$ 　$\therefore$ (좌변)$=$(우변)

······

그러므로, 모든 자연수 n에 대하여 $1+2+3+\cdots+n=\dfrac{n(n+1)}{2}$가 성립합니다.

위의 증명은 n에 1부터 자연수를 직접 대입하여 성립함을 보여 줍니다. 그렇지만

이것으로 모든 자연수에 대해 성립되었다고 말할 수 있을까요? 이것은 경험론적 귀납법에 의해 추측한 것입니다. 확실성을 보장받기 위해서는 자연수를 모두 대입해 보아야 합니다. 그러나 자연수는 무한개이므로 결코 불가능한 일입니다. 그렇다면 이를 대신할 수 있는 방법이 없을까요?

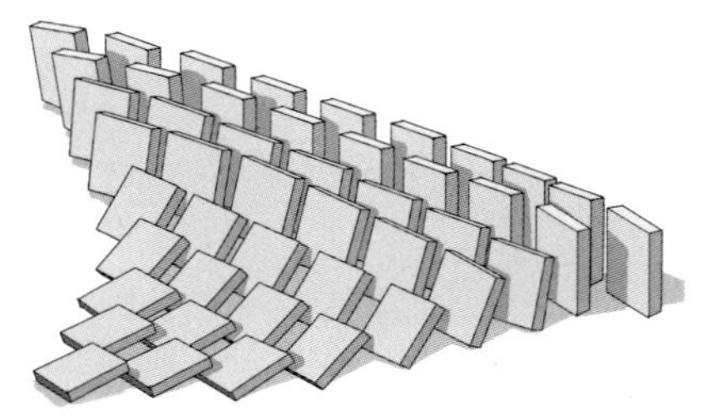

n개의 블록을 이용하여 멋있게 도미노를 세웠다고 가정합시다. 이 도미노가 정말 성공적으로 끝까지 잘 쓰러지는지 알고 싶다면 제일 첫 번째 블록을 넘어뜨려 보아야 할 것입니다. 첫 번째 블록이 넘어지면서 2번째 블록을, 2번째 블록이 넘어지면서 3번째 블록을, …, $n-1$번째 블록이 넘어지면서 n번째 블록을 쓰러뜨리는지 알아보면 됩니다. 그런데 n의 값이 엄청나게 큰 수라면 모든 블록을 다 쓰러뜨려 보고 다시 그대로 세운다는 것은 노동과 시간을 낭비하는 일입니다. 다 넘어뜨리지 않고도 도미노가 성공할 것이라는 것을 알아낼 수 있는 방법은 없을까 생각해 봅시다.

ⅰ) 첫 번째 블록이 넘어지는 것을 관찰합니다.

ⅱ) 어떤 블록이 넘어지면 반드시 그 다음 블록이 넘어집니다.

이렇게 모든 도미노가 성공적으로 넘어질 것이라고 예상을 할 수 있습니다.

여기에서 ⅱ)번 문장을 미지수 k를 사용하면 다시 나타내 보면

ⅱ) k번째 블록이 넘어지면 $k+1$번째 블록도 반드시 쓰러집니다.

이 문장이 증명되면 많은 도미노를 다 쓰러뜨려 보지 않아도 성공 여부를 알 수 있습니다. 무한의 수를 다 대입하지 않고도 어떤 사실을 알아내는 해결점의 열쇠가 바로 여기 있습니다. 임의의 자연수 k에 대하여 성립한다고 가정하고, 그 다음 자연수 $k+1$에서도 성립함을 보인다면 모든 자연수를 대입하는 것을 대신할 수 있는 것이

지요.

그럼 위의 증명했던 명제를 수학적 귀납법을 사용하여 다시 증명하여 봅시다.

증 명

(i) $n=1$일 때, (좌변)$=1$, (우변)$=\dfrac{1(1+1)}{2}=1$ $\therefore$ 성립합니다.

(ii) $n=k$일 때, 성립한다고 가정하면, $1+2+3+\cdots+k=\dfrac{k(k+1)}{2}$

이 식의 양변에 $k+1$을 더하면

$$1+2+3+\cdots+k+(k+1)=\dfrac{k(k+1)}{2}+(k+1)$$

$$=\dfrac{k(k+1)+2(k+1)}{2}=\dfrac{(k+1)(k+2)}{2}$$

따라서, $n=k+1$일 때도 등식은 성립합니다.

(i), (ii)에 의하여 모든 자연수 n에 대하여 $1+2+3+\cdots+n=\dfrac{n(n+1)}{2}$가 성립합니다.

잠깐!

수학적 귀납법

"명제 $p(n)$이 모든 자연수 n에 대하여 성립한다"와 같은 형태의 명제를 증명할 때는 다음 두 가지 사실만을 증명하면 됩니다.

(i) $n=1$일 때, 명제 $p(1)$이 성립한다.

(ii) $n=k$일 때, 명제 $p(k)$이 성립한다.

이 사실을 통해 $n=k+1$일 때도, 명제 $p(k+1)$이 성립합니다.

수학적 귀납법의 원리

n이 모든 자연수이고, 명제 $p(n)$에 대해 "$p(n)$이 참이면 $p(n+2)$이 참입니다" 성립합니다. 다음 중 옳은 것을 <u>모두</u> 고르세요.

Ⅰ. $p(1)$이 참이면 모든 자연수 n에 대하여 $p(n)$이 참이다.

Ⅱ. $p(1)$이 참이면 모든 홀수 n에 대하여 $p(n)$이 참이다.

Ⅲ. $p(1), p(2)$가 참이면 모든 자연수 n에 대하여 $p(n)$이 참이다.

 **풀이**

$p(1)$이 참이므로 $p(1+2)=p(3)$이 참, $p(3)$이 참이므로 $p(3+2)=p(5)$이 참, $p(5)$가 참이므로 $p(5+2)=p(7)$이 참 $\cdots$ 즉, 모든 홀수 n에 대해서 참입니다.

또, $p(1)$과 $p(2)$가 모두 참이면

(ⅰ) $p(1)$이 참인 경우는 위와 같이 모든 홀수 n에 대해서 참이 되고,

(ⅱ) $p(2)$가 참이므로 $p(2+2)=p(4)$가 참, $p(4)$가 참이므로 $p(4+2)=p(6)$이 참, $p(6)$이 참이므로 $p(6+2)=p(8)$이 참 $\cdots$

즉, 모든 짝수 n에 대해서 참입니다.

$\therefore$ (ⅰ), (ⅱ)에 의해 모든 자연수 n에 대해서 참이 됩니다.

$\therefore$ 옳은 것은 Ⅱ, Ⅲ입니다.

수학적 귀납법의 원리

수학적 귀납법은 "$p(1)$이 참이고, $p(k)$가 참이면 $p(k+1)$이 참이다"를 이용하여 증명하는 것입니다.

$p(1)$이 참이므로 $p(1+1)=p(2)$는 참.

$p(2)$가 참이므로 $p(2+1)=p(3)$는 참.

$p(3)$이 참이므로 $p(3+1)=p(4)$는 참.

$\cdots\cdots$

$\therefore$ 모든 자연수에 대하여 성립합니다.

수학적 귀납법의 증명

모든 자연수 n에 대하여 $1+3+5+\cdots+(2n-1)=n^2$이 성립함을 수학적 귀납법으로 증명하여 보세요.

풀이

(i) $n=1$일 때, (좌변)$=1$, (우변)$=1^2=1$ $\therefore$ (좌변)$=$(우변)

    $\therefore n=1$일 때 성립합니다.

(ii) $n=k$일 때 주어진 등식이 성립한다고 가정하면

$$1+3+5+\cdots+(2k-1)=k^2$$

이 등식의 양변에 $n=k+1$일 때의 항값 $2(k+1)-1=2k+1$을 더합니다.

$$1+3+5+\cdots+(2k-1)+(2k+1)=k^2+(2k+1)$$

$$1+3+5+\cdots+(2k-1)+(2k+1)=(k+1)^2$$

$\therefore$ 주어진 등식은 $n=k+1$일 때도 성립합니다.

따라서 (i), (ii)에 의하여 주어진 등식은 모든 자연수 n에 대하여 성립합니다.

부인이 악수한 횟수

어느 부부가 아홉 쌍의 부부를 집으로 초대하여 파티를 열었습니다. 이들 가운데 서로 알던 사람들은 악수를 하지 않았지만, 처음 만나는 사람들은 정중하게 악수를 한 번씩 나누었습니다. 저녁 식사가 끝나고 집주인은 그 자리에 모인 19명(집주인의 부인과 손님들)에게 오늘 모임에서 악수를 몇 번 하였는지 질문하였습니다. 놀랍게도 이들이 악수한 횟수는 모두 달랐습니다. 이때 집주인의 부인은 악수를 몇 번이나 하였을지 생각해보고, 부인이 악수한 횟수를 일반화하여 설명하여 봅시다.

[2008학년도 서울대 수리논술 예시문제]

최소한 부부 사이는 서로 아는 사이이므로 한 사람이 많아야 18번 악수할 수 있습니다. 그래서 19명의 악수한 횟수는 0, 1, 2, …, 18입니다. 주인 남자를 제외한 19명에게 악수한 횟수로 번호를 매기고, 그 번호로 사람을 지칭해 봅시다. 18번은 자기 배우자가 아닌 모든 사람을 모르는데 0번은 18번을 압니다. 그래서 0번과 18번은 부부 사이이고 따라서 집주인이 아닙니다. 0번과 18번을 제외시키면 악수 횟수는 1, 2, 3, …, 17이 0, 1, 2, …, 16으로 바뀝니다. 앞의 방법과 같이 제외시키는 것을 9번 반복하면 9번 한 사람만 남게 됩니다. 남은 한 사람이 바로 집주인의 부인이므로 이 부인은 9번 악수하였습니다.

이를 일반화해 봅시다. k쌍의 부부가 참석한 파티에서 악수의 회수가 모두 다른 경우가 생겼다면 악수의 회수는 0회에서 $2k-2$회까지가 됩니다. 앞의 경우와 마찬가지로 각 부부가 0회와 $2k-2$회, 1회와 $2k-3$회, 2회와 $2k-4$회 …, $k-1$회와 가 $k-1$되어 결국 집주인과 그의 부인은 두 사람 다 $k-1$회씩 악수를 하게 됩니다.

160

귀납적 추리 vs 수학적 귀납법

영희와 철수는 '귀납적 추리'와 '수학적 귀납법'을 적용한 논증을 제시하려 하고 있습니다. 누가 어떤 논법을 적용하고 있는지 판단하여 이들의 논증에 문제점이 있으면 지적하고, 각자의 주장을 정당화하기 위한 올바른 논법을 선택한 후 합리적인 논증을 제시하여 봅시다.

영희 : 태권도가 올림픽 정식종목으로 채택된 첫 번째 대회에서 우리나라는 한 개 이상의 금메달을 획득했지. 지난 2004년 올림픽의 태권도 종목에서 한 개 이상의 금메달을 획득했기 때문에 다음 2008년 올림픽의 태권도 종목에서도 한 개 이상의 금메달을 획득할 것이 틀림없어. 마찬가지로 생각하면 앞으로도 모든 올림픽의 태권도 종목에서 우리나라는 한 개 이상의 금메달을 획득할거야.

철수 : 1부터 100까지의 자연수들의 합은 101을 백 번 더해서 2로 나눈 것과 같고, 1부터 1000까지의 자연수들의 합은 1001을 천 번 더해서 2로 나눈 것과 같고, 1부터 10000까지의 자연수들의 합은 10001을 만 번 더해서 2로 나눈 것과 같잖아. 이와 같이 모든 자연수 n에 대해 1부터 n까지의 자연수들의 합은 $n+1$을 n번 더해서 2로 나눈 수와 같을 거야. 아직까지 이 조건이 성립하지 않는 예를 발견한 사람은 없잖아?

[2006학년도 고려대 수리논술 예시문제]

(1) 영희의 주장

올림픽 n번째 대회란 태권도가 정식종목으로 채택된 첫 번째 대회를 기준으로 할 때의 n번째 대회를 의미하는 것으로 합니다. 결론적으로 말하면 영희는 올바른 논법을 제시하지 않았습니다. 올바른 논법이 되려면 다음 두 가지를 제시해야 합니다.

(i) 첫 번째 대회에서 우리나라는 한 개 이상의 금메달을 획득했다.

(ii) 한 대회에서 우리나라가 한 개 이상의 금메달을 획득했으면 그 다음 대회에서도 우리 나라가 꼭 한 개 이상의 금메달을 획득하게 된다.

(i)은 사실이 그러하므로 옳은 주장입니다. 그러나 (ii)는 입증될 수 없는 내용이 담긴 주장입니다.

(2) 철수의 주장

반례를 찾지 못했다는 것이 반례가 없다는 것을 의미하지 않으므로 철수도 올바른 논법을 제시하지 않았습니다. 다음 두 가지를 제시해야 합니다.

(i) $1 = \dfrac{1 \times 2}{2}$

(ii) n이 2이상의 정수일 때 $\displaystyle\sum_{k=1}^{n-1} k = \dfrac{(n-1)n}{2}$ 이면 $\displaystyle\sum_{k=1}^{n} k = \dfrac{n(n+1)}{2}$

기호 $\sum$의 뜻

수열 $\{a_n\}$의 제p항부터 제q항까지의 합을 간단히 표현하는 기호입니다.

$$a_p + a_{p+1} + \cdots + a_q = \sum_{k=p}^{q} a_k$$

4 귀류법

"$\sqrt{2}$ 는 무리수이다"를 증명해 봅시다. 이 명제의 가정은 "어떤 수가 $\sqrt{2}$ 이다" 입니다. 이 가정에서 어떤 공리나 정리를 찾아 논리적으로 "그 수는 무리수이다"라는 결론을 이끌어 낼 수 있을까요?

이처럼 가정에서 결론을 직접 유도하기가 어려운 명제를 증명할 때 사용되는 증명법이 바로 '간접증명법' 입니다. 이 증명법의 가장 대표적인 것이 '귀류법' 입니다.

귀류법는 그리스의 유명한 철학자이며 수학자였던 제논에서부터 출발합니다. 제논은 머리가 매우 좋고 학식도 높았으나 성질이 괴팍하여 그 당시의 대학자들

라파엘로의 '아테네 학당'에 묘사된 제논

의 학설을 꼬집어 비꼬기를 잘하였다고 합니다. 그래서 사람들에게 미움을 많이 받았고, 끝내 왕에게까지 미움을 받아 무참히 처형당했습니다.

당시 제논의 반대파 학자들은 잘못된 전제의 사용으로 모순이 내포된 결론을 유도해내고 있었습니다. 제논은 잘못된 결론을 밝히면서 전제의 오류를 지적하는 귀류법을 사용하였습니다. 이를 일명 '제논의 역설(paradox)' 라고 하는데 그 중 가장 유명한 것이 '아킬레우스와 거북이의 경주' 입니다.

그리스 신화에서 세상에서 가장 발이 빠른 사람인 아킬레우스와 가장 발이 느린 거북이는 달리기 시합을 하기로 했습니다. 같은 곳에서 달리기를 시작한다면 당연히

아킬레우스가 이길 것입니다. 그러나 제논은

> "아킬레우스와 거북이의 출발선을 다르게 하여 달린다면 제 아무리 발 빠른 아킬
> 레우스라도 거북이를 영원히 따라잡을 수 없을 것이다."

라고 말하였습니다.

X지점에 아킬레우스, 그보다 조금 앞선 A지점에 거북이가 있습니다. 이 둘이 동시에 출발하여 아킬레우스가 A점에 도착하면 느린 거북이는 B점에 도착했을 것이고, 또 아킬레우스가 B점에 도달하면 거북이는 C점에 가 있을 것입니다. 이와 같이 아킬레우스가 거북이를 따라 잡기 위해서 달리고 또 달려도, 거북이도 아킬레우스가 달리는 동안 가만히 있지 않고 조금씩 나아갑니다. 이 둘의 간격은 조금씩 줄어들기는 하지만, 거북이는 아주 조금이라도 아킬레우스보다 앞서 있을 것입니다. 그러므로 절대로 아킬레우스는 거북이를 따라 잡지 못한다는 결론이 나옵니다.

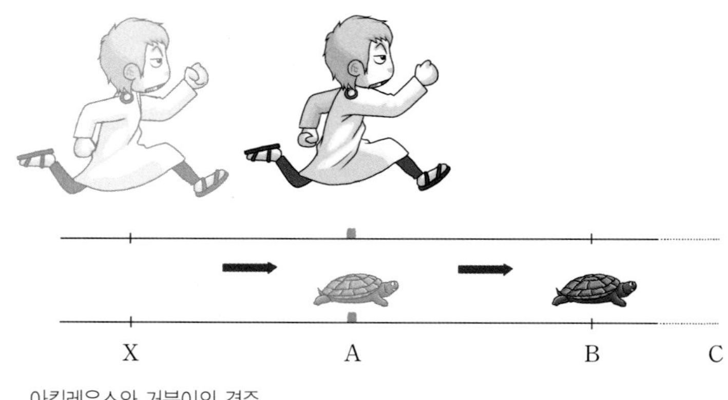

아킬레우스와 거북이의 경주

사실은 아킬레우스가 거북이보다 훨씬 빨리 뛰어 곧 거북이를 앞지를 것이므로 이 결론은 잘못된 것이 분명합니다. 그러나 이 역설이 논리적으로 전혀 잘못이 없는 진실처럼 들리는 이유는 "시간이나 공간을 무한대로 쪼갤 수 있다"는 전제가 있기 때문에 사실과 모순된 결과가 나올 수 있었습니다. 이것은 오랜 세월이 지난 후 극한의

개념이 발견되면서 해결될 수 있었습니다. 즉 무한대로 쪼개어도 결국 유한의 값을 얻을 수 있다는 개념이 증명되어야 해결 가능한 문제였던 것입니다. 그러나 제논이 살고 있던 시대에는 극한의 개념이 아직 발달하지 못했으므로 이 역설의 모순을 증명하기 위해서는 전제가 잘못되었다는 것을 보여주어야만 했습니다. 그래서 제논은 무한이라는 전제는 부정되어야 한다고 주장했습니다. 두 개의 대립하는 가정에서 하나가 모순이므로 나머지 하나는 옳다는 결론을 내린 제논의 역설이 귀류법의 기초가 되었던 것입니다.

귀류법은 결론을 부정하면 모순이 생긴다는 것을 보임으로써 그 결론의 옳음을 증명하는 방법입니다. 귀류법으로 증명하는 것에는 크게 두 가지 형태의 명제를 증명할 때 사용합니다. 우선 "소수의 개수가 무한개 있다"는 것을 증명하는데 쓰이는 것처럼 정수론에서 주어진 조건을 만족하는 수가 무한개 있음을 보이는데 쓰입니다. 또 하나는 주어진 명제를 직접 증명하기 어려운 경우에 결론을 부정하여 가정에 모순이 생기는 것을 보임으로서 주어진 명제가 참이라는 것을 보이는 것입니다.

다음은 귀류법을 이용하여 명제 "소수는 무한개이다"를 증명한 것입니다.

소수가 유한개(n개)라고 가정합시다. 그럼 최대소수인 p_n이 있습니다.

새로운 수 p까지의 소수들을 p_1, p_2, $\cdots$, p_n이라 합시다.

이때 새로운 수 p를

$$p = p_1 \times p_2 \times \cdots \times p_n + 1$$

이라고 하면, p는 p_1, p_2, $\cdots$, p_n 중 어떤 원소로도 나누어 떨어지지 않습니다. 결과적으로 p_n보다 큰 새로운 소수 p가 존재한다는 것을 의미합니다.

따라서 소수는 n개라는 가정에 모순이므로 소수는 무한개입니다.

위의 증명은 유한개라는 모순으로부터 무한개가 있음을 보여주는 대표적인 예라
할 수 있습니다.

이번에는 명제 "$\sqrt{2}$ 는 무리수이다"를 증명해 보겠습니다. 이 문제는 과거 서울대
를 비롯한 여러 대학에서 출제된 중요한 문제입니다.

$\sqrt{2}$ 가 유리수라고 가정하면, $\sqrt{2} = \dfrac{a}{b}$ (단, a, b는 서로소인 정수)라고 합니다.

그러므로 $a = \sqrt{2}\, b$에서 양변을 제곱하면 $a^2 = 2b^2 \cdots$ ①

여기에서 a^2이 2의 배수이므로 a도 2의 배수입니다.

그러므로 $a = 2k$ (단, k는 정수)라고 하면 ①에서

$$(2k)^2 = 2b^2 \qquad \therefore b^2 = 2k^2$$

여기에서 b^2이 2의 배수이므로 b도 2의 배수입니다.

따라서, a, b는 모두 2의 배수가 되어 a, b가 서로소라는 가정에 모순이 되므로 $\sqrt{2}$ 는 유
리수가 아닌 무리수입니다.

위의 증명은 결론을 부정하여 가정에 모순됨을 보이므로 주어진 명제가 참임을 밝
히는 귀류법의 전형적인 방법입니다.

귀류법은 거창한 이론 같지만 우리가 무의식적으로 흔히 사용하는 논리입니다.

"만일 그렇다고 치자. 그러면 이것은 어찌된 노릇인가?" 하고 따지는 것이 바로 귀
류법입니다.

경찰에 의해 어떤 사건의 범인으로 몰린 사람이 "나는 절대로 범인이 아니예요!"

라고 아무리 외친들 경찰은 그 말을 믿지 않을 것입니다. 이때 현장에서 한 시간 이상 거리에 있는 친척 집에서 그 시간에 다른 사람과 어울렸다는 알리바이가 밝혀지면 그는 간단히 혐의를 벗게 됩니다. 알리바이라는 것은 "범인이라면 반드시 범행 시각에 현장에 있어야 한다"는 생각에 "범행시각에 현장에 없

었던 사람은 범인일 수 없다"는 생각을 덧붙인 것입니다. 그러니까 똑같은 내용에 관하여 정면으로부터가 아닌 배후공격에 의한 증명 방법이 바로 귀류법입니다.

때때로 수학에서도 정면공격이 불가능할 때가 있기 때문에 이 귀류법을 익히는 것은 큰 도움이 됩니다.

모든 구멍을 막고 단 하나의 쥐구멍만 남겨두면 쥐는

어쩔 수 없이 그 구멍으로 도망갈 수밖에…….

- 쇼펜하우어

아킬레우스는 거북이를 이길 수 있을까?

문제를 간단히 하기 위해서 아킬레우스가
거북이 보다 10배 빨리 달리 수 있다고
합시다. 그리고 거북이를 아킬레우스보다
1km앞에서 출발시킨다고 하면, 제논의
말대로 아킬레우스는 정말로 거북이를 따
라 잡을 수 없는 것일까요?
제논의 아킬레우스가 거북이를 따라 잡을
수 없다는 역설을 주장할 수 있었던 것은
시간의 개념을 빠뜨렸기 때문입니다.

아킬레우스

아킬레우스가 처음 거북이가 있는 곳까지 가는 데 1분이 걸렸다고 합시다. 그 다음에 다시 거북이가 있는 곳
까지 가는데 $\frac{1}{10}$ 분이 걸립니다. 또 다시 앞으로 나아간 거북이가 있는 곳까지 가는데 $\frac{1}{100}$ 분이 더 걸립니
다. 이렇게 거북이가 있는 곳까지 가기 위해

$$1+\frac{1}{10}+\frac{1}{100}+\cdots=1.1111\cdots=1.\dot{1}=\frac{11-1}{9}=\frac{10}{9} \text{ (분)}$$

이 걸리게 됩니다.

제논의 말처럼 아킬레우스는 약 $\frac{10}{9}$분 동안은 절대로 거북이를 따라 잡을 수 없지만, 아킬레우스가 1.2분만
달려도 거북이를 따라 잡을 수 있습니다. 제논의 역설을 극복하기 위하여 수학은 근세의 무한개념의 출현을
목마르게 기다려야만 했습니다.

수의 무한성

$4k+3$꼴의 소수가 무수히 많음을 증명하세요.

(단, k는 음이 아닌 정수입니다.)

$4k+3$꼴의 소수가 유한개 있다고 가정하고, 이것을 $3, 7, 11, 19, \cdots, p$라 합시다.

$n=4(7 \cdot 11 \cdot 19 \cdots \cdot p)+3$에서 $7, 11, 19, \cdots, p$는 3의 배수가 아니므로 n은

$7, 11, 10, \cdots, p$로 나누어 떨어지지 않습니다. 또 3은 $4, 7, 11, 19, \cdots, p$로 나누어 떨어지지 않으므로 n은 3으로 나누어 떨어지지 않습니다.

따라서 n은 $3, 7, 11, 19, \cdots, p$로 나누어 떨어지지 않습니다.

n의 모든 소인수는 $4k+1$ 또는 $4k+3$꼴의 정수이고, $4k+1$꼴의 두 정수 $4a+1$, $4b+1(a, b$는 정수)를 곱하면 다음과 같습니다.

$$(4a+1)(4b+1)=4(4ab+a+b)+1$$

에서 $4ab+a+b$이 정수이므로 곱은 $4k+1$꼴의 정수가 됩니다.

그러므로 n의 모든 소인수가 $4k+1$꼴이면, n도 $4k+1$꼴입니다.

이것은 가정에 모순이므로 n은 $4k+3$꼴의 소인수 q를 갖습니다.

n은 q로 나누어 떨어지므로 q는 $4k+3$꼴이 아닌 소수입니다. 이것은 가정에 모순입니다. 결국, $4k+3$꼴의 소수는 무수히 많습니다.

소수를 찾아라

1보다 큰 자연수 n에 대한 명제 "$\sqrt{n}$ 보다 작거나 같은 모든 소수가 n을 나누지 않으면, n은 소수이다"를 증명하여 보세요.

풀이

결론을 부정하여 n이 소수가 아니라고 가정하면 $n = lm$인 1보다 큰 자연수 l, m이 존재합니다. l을 나누는 한 소수를 p, m을 나누는 한 소수를 q라 하고, pq는 lm을 나눕니다. 그러므로 $pq < n$입니다.

만약 $p > \sqrt{n}$ 이고 $q > \sqrt{n}$ 이면 $pq > \sqrt{n}\sqrt{n} = n$이므로 모순입니다.

따라서 '$p > \sqrt{n}$ 이고 $q > \sqrt{n}$'의 부정인 '$p \leq \sqrt{n}$ 이거나 $q \leq \sqrt{n}$'입니다.

즉, n의 약수 중에서 $\sqrt{n}$ 보다 작거나 같은 소수가 존재합니다. 그런데 이것은 가정에 모순이므로 n은 소수입니다.

분모에는 0을 쓸 수 없다

다음 글을 토대로 분모에 0이 올 수 없다는 것을 증명하여 봅시다.

> 일상적으로 숫자들이 의미가 있으므로 그것들은 배분법칙을 만족시켜야 한다. 이 법칙을 0에 적용하면 이상한 일이 벌어진다. 우리가 알다시피 $0+0=0$이므로 어떤 수에 0을 곱한 것은 그 수에 $(0+0)$을 곱한 것과 같다.
>
> 예를 들어, $2\times0=2\times(0+0)$이 되는데 배분법칙에 의해 $2\times(0+0)$은 $2\times0+2\times0$과 같다. 즉, $2\times0=2\times0+2\times0$이라는 의미가 된다. 2×0이 무엇이든 간에, 그것을 그 자신과 더했는데도 여전히 같다. 이것은 마치 0의 속성과 같다. 위 식의 양변에서 2×0을 빼면 $0=2\times0$이 된다. 이처럼, 어떤 식으로든 하나의 수에 0을 곱하면 0이 된다. 이 골치 아픈 숫자는 수직선을 파괴하여 하나의 점으로 만들어 버린다. 나눗셈에서 0의 진정한 힘은 더욱 분명히 드러나는데, 진짜로 골치 아픈 속성은 이것이다. 0을 곱하면 수직선이 붕괴된다. 그러나 0으로 나누면 수학의 모든 틀이 파괴된다. 절대 반지의 모양과 비슷한 이 단순한 숫자 0안에는 엄청난 힘이 들어 있다. 0은 수학의 가장 중요한 도구이지만 그 괴상한 수학적, 철학적 속성 덕분에 모든 것과 충돌할 운명인 것이다.

풀이

위의 제시문의 예에서 $2\times0=0$이 된다는 것을 알았습니다. 만약 거꾸로 셈을 하여 0으로 나누면 다시 2로 돌아가야 합니다.

즉, $\dfrac{(2\times0)}{0}=2$가 된다고 가정해 봅시다.

그렇다면 $\dfrac{(3\times 0)}{0}=3$이고, $\dfrac{(4\times 0)}{0}=4$가 되어야 합니다.

그런데 앞서 보았듯이 $2\times 0=0, 3\times 0=0, 4\times 0=0$이므로

$\dfrac{(2\times 0)}{0}=\dfrac{0}{0}, \dfrac{(3\times 0)}{0}=\dfrac{0}{0}, \dfrac{(4\times 0)}{0}=\dfrac{0}{0}$이 됩니다.

$\dfrac{0}{0}=2, \dfrac{0}{0}=3, \dfrac{0}{0}=4$라는 결론은 나올 수 없으며 이것은 논리학과 수학의 체계 자체에 모순이 입니다.

결국, 0으로 나누는 것은 불가능합니다.

깨진 유리창의 법칙

범죄학자인 제임슨 윌슨과 조지 켈링은 1982년 범죄 예방이론인 '깨진 유리창 법칙(Broken Windows Theory)'을 한 잡지에 게재했습니다. 누군가 건물 유리창 하나를 깨뜨렸는데 만약 이를 고치지 않고 방치해 둔다면, 이 건물이 관리되지 않는다는 생각에 다른 사람들 역시 나머지 유리창틀을 깨뜨려, 결국 유리창이 하나도 남지 않을 것이라는 것입니다.

이 이론에서처럼 방치되어 더 나빠질 가능성이 있는 대상을 '깨진 유리창(broken window)'이라고 부릅니다.

깨진 유리창의 특징

1. 사소한 곳에서 발생하며 예방이 쉽지 않다.

2. 문제가 확인되더라도 소홀하게 대응한다.

3. 문제가 커진 후 치료하려면 몇 배의 시간과 노력이 필요하다.

4. 투명테이프로 숨기려 해도 여전히 보인다.

5. 제대로 수리하면 큰 보상을 가져다준다.

이 법칙은 범죄학뿐만 아니라 기업경영에도 적용됩니다. 깨친 유리창의 법칙은 작고 사소한 것을 무시함으로써 기업이 무너질 수도 있다고 경고하는 것입니다. '작고 사소한 문제(깨진 유리창)'에 집중하여 큰 성공을 거둘 수 있다는 작은 것의 위대함을 깨우쳐 주는 법칙이지요. 이 법칙은 수학에서도 큰 몫을 담당하고 있습니다. 특히 증명을 할 때 사소한 듯이 보이는 깨진 유리창을 하나라도 놓친다면 결코 성공적인 결론에 도달할 수 없을 것입니다.

육각형 타일

육각형 모양의 타일이 바닥에 무한히 깔려 있다고 합시다. 이 타일에 자연수를 임의로 적었는데 가운데 수가 그 주변의 6개의 수의 평균과 같다고 합니다. 이 모든 수 중에서 최대값과 최소값의 차가 0임을 밝히세요.

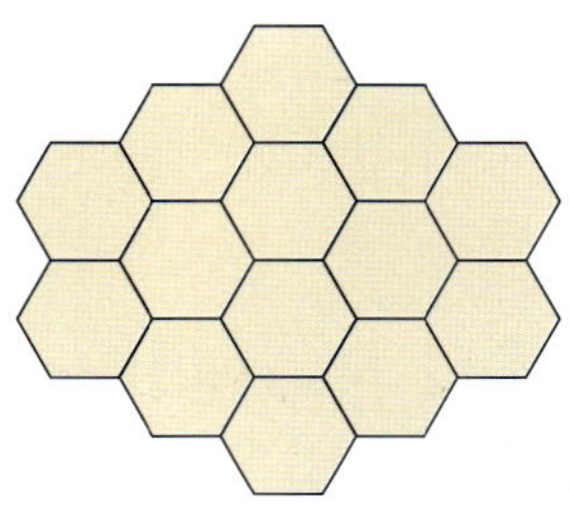

풀이

무한개이므로 최대값은 정할 수 없지만 최소값은 반드시 존재합니다. 그 수를 임의로 a라 하고, 그 주변의 6개의 숫자를 $b, c, \cdots, g$라 하면,

$$b \geq a, c \geq a, d \geq a, e \geq a, f \geq a, g \geq a$$

이다. 만약 $b > a$이고, $c = d = e = f = g = a$라 하면

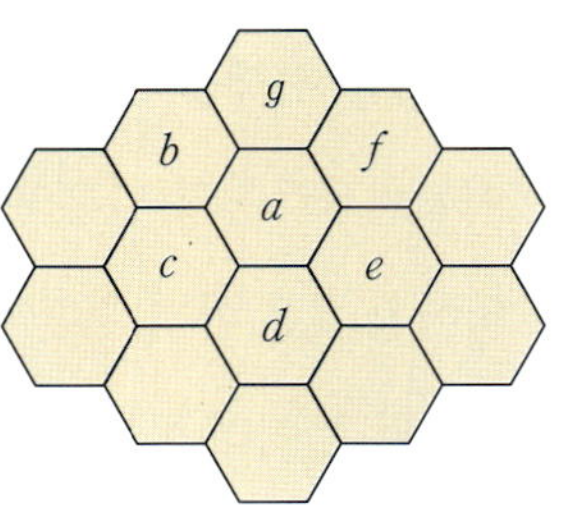

$$a = \frac{b+c+d+e+f+g}{6}$$

이므로 $6a = b+c+d+e+f+g > a+a+a+a+a+a = 6a$

즉, $6a > 6a$가 되므로 이는 모순입니다.

$\therefore b$는 a와 같은 값이어야 합니다.

마찬가지 방법으로 하면 $c = d = e = f = g = a$임을 알 수 있습니다.

$\therefore$ 최대값 = 최소값이므로 최대값과 최소값의 차가 0입니다.

증명은 수학의 생명

증명이란 어렵고 지루한 작업입니다. 수학 선생님께서 설명해주시는 증명을 듣고 있자면 "어떻게 저런 생각을 하는 것이지? 저 증명을 다 외워야 하나?" 하면서 가슴이 답답해 오는 경우를 여러분은 경험했을 것입니다.

많은 사람들이 수학을 외워야 한다는 잘못된 생각을 하면서 수학공부를 합니다. 그래서 수학을 어려운 학문이라고 말하는 것입니다. 수학을 어려운 학문이라 느꼈다면 기존의 수학자들의 증명이나 공식을 무조건 외우려들기 때문입니다. 이런 방식의 공부방법은 수학을 다가갈 수 없는 먼 학문이요, 재미없는 학문으로 만들뿐입니다.

"이등변삼각형의 밑각의 크기는 같다"라는 잘 알려진 정리도 처음부터 하늘에서 뚝 떨어진 것은 아닙니다. 이등변삼각형을 여러 번 그려보고, 주변에 있는 이등변삼각형을 닮은 여러 물체들을 관찰하면서 "이등변삼각형의 밑각이 혹시 서로 같은 것은 아닐까?" 하는 추측을 논리적 사고를 바탕으로 증명하여 진리가 된 것입니다.

수학 교육을 통해 학생들이 배워야 하는 것은 단순한 지식의 암기가 아닙니다. "증명하기 전까지는 참임을 인정할 수 없다"는 것이 수학의 학문적 원칙입니다. 그러므로 '1＋1＝2' 와 같은 가장 기초적인 사실조차도 정말 참인지 한번쯤 의심해보는 자세를 먼저 배워야합니다. 더 나아가 당연하게만 받아들였던 사실을 수학적으로 어떻게 증명하는지 직접 경험해보고 그 논리를 이해하는 것이 진짜 수학의 중요한 목표입니다.

풀리지 않는 신비의 수

π(파이)

> π 만큼 인간에게 신비와 공상과 오해
> 그리고 관심을 불러일으킨 수학 기호는 없다.
> – 윌리엄 샤프 『π의 본성과 역사』

★★★

원과 사각형

반지름의 길이가 7인 오른쪽 원에서, 지름 AB를 5만큼 오른쪽으로 평행하게 옮기고 지름 CD를 3만큼 위로 평행하게 옮깁니다. 이렇게 옮긴 두 직선은 이 원을 네 부분으로 나누는데, 가장 큰 것과 가장 작은 것의 넓이의 합에서 나머지 두 부분의 넓이의 합을 뺀 값을 구하세요.

(단, 지름 AB와 지름 CD는 서로 수직입니다.)

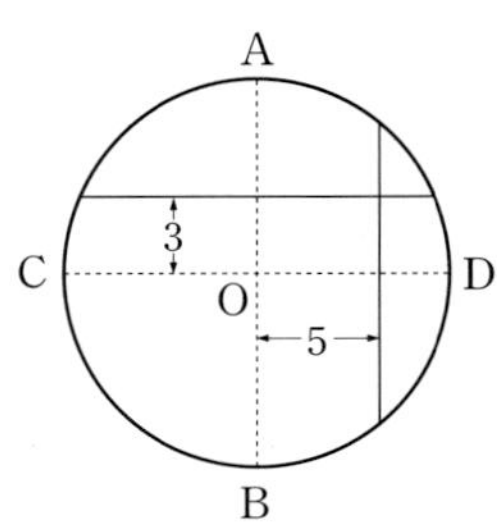

풀이

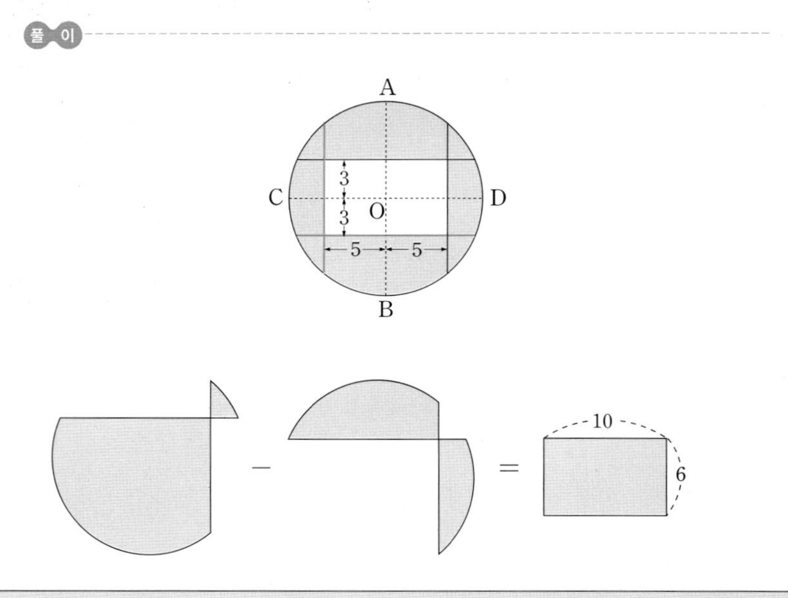

π의 발자취

지금 주머니 속 또는 지갑에서 동전을 꺼내어 봅시다. 그리고 그 동전의 길이와 넓이를 구해봅시다.

동전의 길이와 넓이를 구하기 위해서 우리는 지름을 잰 후, π를 곱할 것입니다.

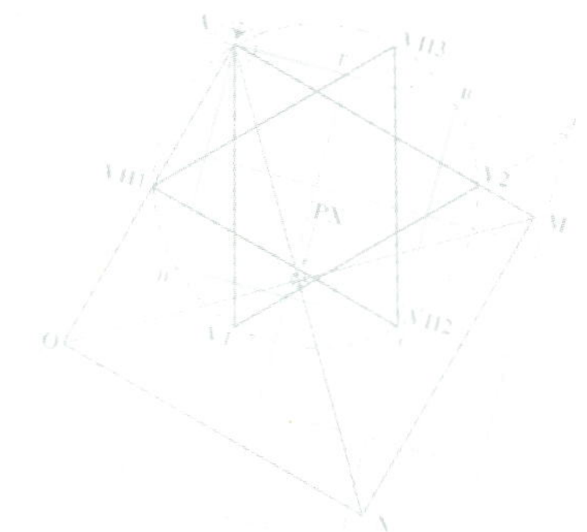

동전의 크기 알기

이처럼 동전과 같은 원의 둘레나 길이를 구하고 싶을 때 다른 선분의 길이나 다각형들의 둘레, 넓이와 같이 측정되는 길이의 값뿐만 아니라 수학 기호 π를 곱해야만 하는 걸까요? 우리의 주변에는 동전 말고도 무수히 많은 원 모양의 사물들이 있는데 그들을 알기 위해서는 π가 항상 필요한 것일까요? 수학을 공부해 본 사람이라면 문득 이에 대한 호기심이 생길 것입니다.

그렇다면 도대체 π는 언제 나타났으며 어떻게 구한 것인지 알아봅시다.

고대 농경 사회를 형성한 이집트, 메소포타미아, 바빌로니아, 중국 등에서는 토지를 측정하거나 건축물을 짓기 위한 목적으로 둘레와 넓이를 구하는 데에 필요한 기하학을 발전시켰습니다. 그중에서도 유한과 무한, 완전성과 통일성을 동시에 내포하고 있는 원에 대해 지극한 관심을 가졌지요. 또한 정확한 값은 아니었지만 원주율을 사용한 흔적도 있습니다. 예를 들어, 솔로몬 왕이 성전을 만드는 과정인 역대기(하) 4장 2절에는 아래와 같은 글귀가 있습니다.

"그 다음 그는 바다 모형을 둥글게 만들었다.
한 가장자리에서 다른 가장 자리에까지 직경이 십 척, 높이는 오 척이었다.
줄로 그 둘레를 한 바퀴 돌리면 삼십 척이 되었다."

이렇듯 원주율 π값을 3으로 하여 계산했던 것을 알 수 있습니다.

이집트의 서기장 아메스가 기록한 린드 파피루스에서도 원주율 값의 의미인 $\pi \fallingdotseq 3.16$을 찾을 수 있습니다. 그 이후 그리스의 7현(賢) 중 하나인 탈레스가 이집트 피라미드의 높이를 삼각형의 비례관계를 이용하여 계산했습니다. 이때부터 비례는 수학의 좋은 도구가 되었습니다. 이 원리를 이용하여 원도 크고 작음에 관계없이 원 둘레(원주)와 지름의 비가 일정하다는 것을 알게 된 수학자들은 원주율에 관심을 가지고 연구를 하기 시작했던 것입니다.

소의 뿔

아래의 그림과 같이 O를 중심으로 하고 반지름 $\overline{\text{AO}}$이며, 원의 $\frac{1}{4}$인 호 AOB를 그립니다. 그런 다음 $\overline{\text{BO}}$를 지름으로 하는 반원을 $\frac{1}{4}$인 원의 내부에 그립니다. 그리고 일명 '소의 뿔'이라고 부르는 빗금 친 부분의 넓이를 $\overline{\text{BO}}$를 지름으로 하는 반원의 넓이와 비교해보세요.

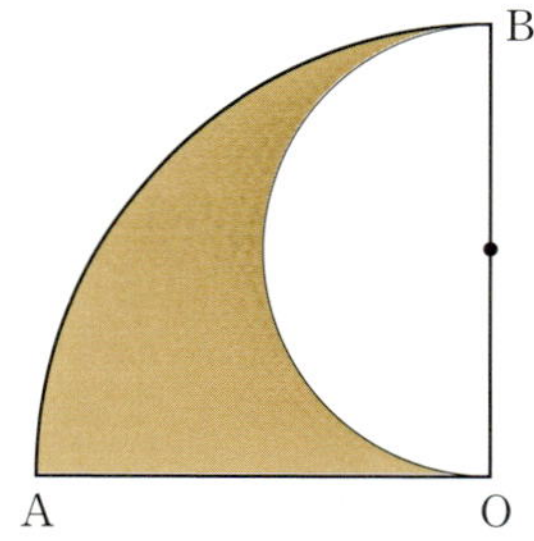

풀이

반지름 $\overline{\text{AO}}$의 길이를 $2r$이라고 합시다. 그러면 $\frac{1}{4}$인 원의 넓이는 $4\pi r^2 \times \frac{1}{4} = \pi r^2$이고, $\overline{\text{BO}}$를 지름으로 하는 반원의 넓이는 $\pi r^2 \times \frac{1}{2} = \frac{1}{2}\pi r^2$입니다. 그래서 '소의 뿔' 부분의 넓이는 $\pi r^2 - \frac{1}{2}\pi r^2 = \frac{1}{2}\pi r^2$이 됩니다. 따라서 두 부분의 넓이는 서로 같습니다.

1 원주율 π의 계산

원주율 π에 대한 이론적인 계산은 누가 먼저 시작했을까요?

바로 세계 3대 수학자 중 한 명인 그리스의 아르키메데스였습니다. 그렇다면 눈금 없는 자와 컴퍼스만 사용할 수 있었던 그 시대에 과연 그의 방법은 어떤 것이었을까요?

아르키메데스

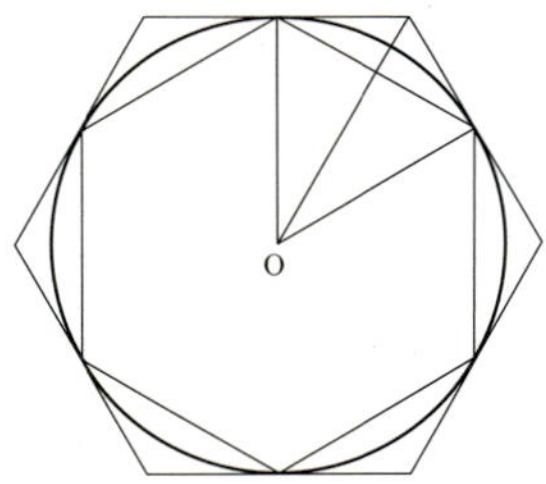

아르키메데스는 한 원 안에 내접하는 정 6각형과 외접하는 각각의 정6각형 둘레를 비교하고 이 방법을 정 7각형, 정 8각형, …정 96각형까지 반복하였습니다.

그 결과 완벽한 값은 아니지만 다음과 같이 범위를 구할 수 있었습니다.

$$\frac{223}{71} < 원주율(\pi) < \frac{22}{7}$$

이 구간의 평균값을 계산해보면

$$\left(\frac{223}{71} + \frac{22}{7}\right) \times \frac{1}{2} ≒ (3.141 + 3.143) \times 0.5 = 3.142$$

값을 얻게 됩니다.

이것이 바로 우리가 초등학교 때 학습했던 원주율 $\pi = 3.14$와 비슷한 값입니다.

그럼 서양에서만 원주율에 대해 고민했었을까요?

기원후 200년 경 동양의 문화를 꽃피운 중국의 한나라에서 수학적 지식을 모은 책이 등장하였습니다. 서기 263년 위나라의 수학자 유휘가 새로 편집해 오늘날까지 전해오고 있는 『구장산술』입니다. 서양의 유클리드의 『기하학 원론』에 버금가는 동양 최고의 수학책으로 손꼽히는 이 책에서는 다음과 같은 기록을 볼 수 있습니다.

"今有圓田周三十步經十步問爲田幾何答曰七十五步

지금 원 모양의 밭이 있는데, 둘레가 30보, 지름이 10보일 때

밭의 넓이는 얼마인가? 답은 75보(제곱)다. "

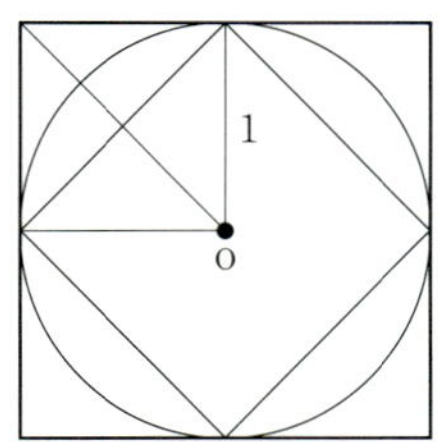

이 기록을 해석해 봅시다. 이것을 통해 아르키메데스의 방법과 같은 원리로 동양에서도 원의 넓이를 생각한 것을 알 수 있습니다.

원이 외접한 정사각형과 원이 내접한 정사각형 넓이의 평균값 정도로 생각하여 원의 반지름을 1로 놓습니다. 이때, 원에 외접한 정사각형의 넓이 4와 원에 내접한 정사각형의 넓이 2의 평균값으로서 원주율 $\pi = 3$을 사용한 것입니다.

『구장산술』에서 주목해야 하는 점은 또 있습니다. 바로 유휘가 원주율 $\pi = 3.14$를 아르키메데스의 방법과는 다른 방법으로 추정한 흔적입니다.

과연 어떤 방법일까요? 한번 알아보도록 합시다.

먼저 반지름이 1인 단위원이 있습니다. 유휘는 원의 길이가 4분원인 원의 $\frac{1}{4}$을 0.1 크기인 정사각형으로 가로 세로 모두 10등분했습니다. 이때 작은 정사각형의 모서리가 완전히 원 안에 들어가는 것들은 $\times$ 표시를 하고, 그렇지 못한 정사각형들은 검게 칠했습니다.

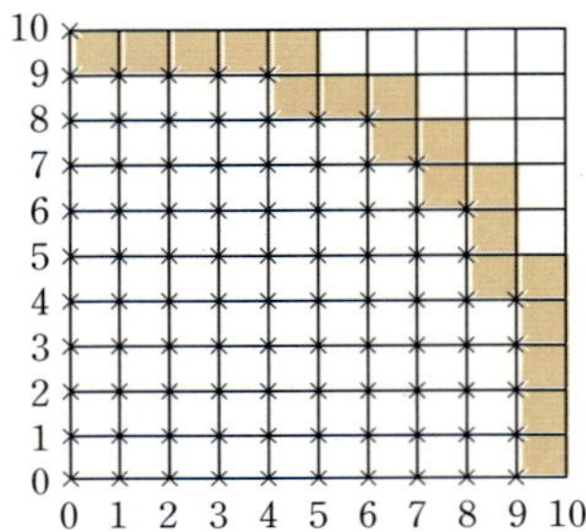

그림에서 알 수 있듯이

   i) 원 안에 들어가는 흰 정사각형의 개수 $=69$개

   ii) 원 안에 들어가지 못하는 검은 정사각형의 개수 $=19$개를 얻게 됩니다.

여기에서 유휘는 작은 정사각형 1개의 넓이를 $\frac{1}{100}$로 하고, 원에 포함되지 못한 검은 정사각형의 넓이를 일률적으로 작은 정사각형 넓이의 $\frac{1}{2}$로 가정했습니다. 그런 다음 4분원의 넓이와 비교하여 구해보면,

$$\frac{\pi}{4} = 69 \times \frac{1}{100} + 19 \times \frac{1}{100} \times \frac{1}{2} = \frac{1}{100}(69 + 19 \times 0.5) = 0.785$$

이므로 $\pi = 0.785 \times 4 = 3.14$임을 알게 된 것입니다.

조충지의 계산

5세기 중국의 조충지라는 수학자는 유휘의 방법을 이용하여 원주율 π를 계산했습니다. 그는 자신의 아들과 함께 가로와 세로를 약 1200등분 정도로 하여 3.141592을 얻게 되었다고 합니다.

더 자세하고 정확한 값을 알기 위해서는 엄청나게 많은 등분을 해야 합니다. 이를 편리하게 하기 위해 좀 더 일반적으로 생각해보도록 합시다.

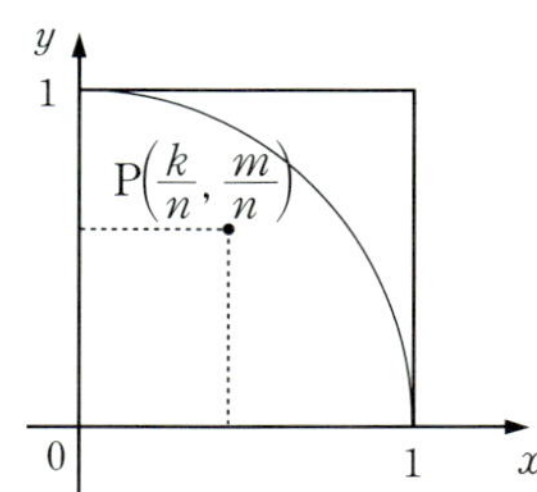

우선 그림과 같이 xy평면의 중심을 원점에 둡니다. 그리고 반지름이 1인 4분원에 한 변의 길이가 1인 외접 정사각형을 그립니다. 그렇다면 가로와 세로로 각각 n등분하면 x축과 y축 위의 등분점은 다음과 같습니다.

$$\left(0, \ \frac{1}{n}, \ \frac{2}{n}, \ \cdots, \ \frac{n-1}{n}, \ \frac{n}{n} = 1 \right)$$

또한 등분된 각각의 작은 정사각형의 모서리의 좌표는

$$\mathrm{P}\left(\frac{k}{n}, \ \frac{m}{n} \right) \ (\text{단 } k, m = 1, 2, 3, \cdots, n)$$

으로 쓸 수 있게 됩니다. 이때 원에 포함되는 모서리는 $\left(\dfrac{k}{n} \right)^2 + \left(\dfrac{m}{n} \right)^2 \leqq 1$을 만족시키는 것이므로 이 조건을 만족하는 모서리에 × 표시를 하면, n등분한 경우에도 유휘가 사용한 방법을 적용하여 원주율 π값은 다음과 같이 구할 수 있습니다.

$$\pi \simeq A_n = \frac{4}{n^2} \left(B_n + \frac{C_n}{2} \right)$$

여기에서 A_n은 π의 근사값이며, B_n은 원 내부에 포함된 작은 정사각형의 개수입니다. 또한 C_n은 포함되지 않은 검은 정사각형의 개수입니다. 이 방법에 의하면 $n = 10000$일 경우가 바로 5세기경 조충지의 원주율 값과 일치하게 됩니다.

2 π의 계산을 향한 뜨거운 열정

중국의 유휘를 제외하고 수많은 수학자는 원주율 π를 계산할 때, 아르키메데스의 방법을 활용했습니다. 또한 원주율 π의 규칙성을 찾기 위한 노력도 쉬지 않고 이어졌습니다. 그 결과 실제로 16세기 독일의 수학자 루돌프는 원에 내접, 외접하는 정육각형으로부터 원둘레를 계속 2등분하여 원주율을 계산했습니다.

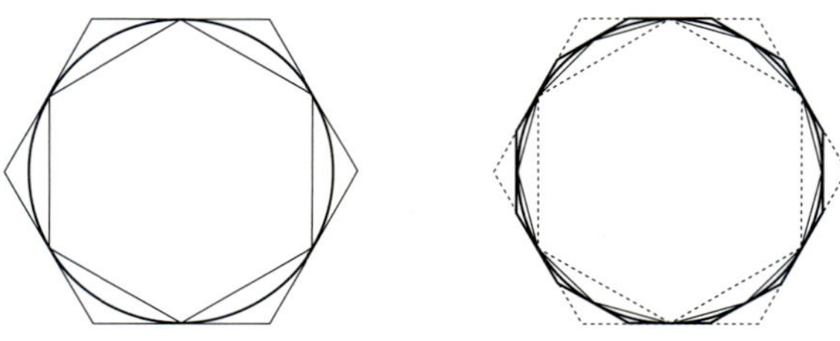

원주율＝3.14159265358979323846264338327950288……

루돌프는 일생을 바쳐 위와 같이 소수점 아래 35자리까지 원주율을 계산했습니다. 원에 내접, 외접하는 정다각형을 이용하여 원주율을 계산한 것은 정말로 대단한 것이었고, 루돌프도 자신이 계산한 원주율의 값을 묘비에 세워 달라고 유언을 했습니다. 독일에서는 그 날을 '루돌프의 날'로 지정했으며 π를 '루돌프의 수'라고도 명하였습니다. 이후 유럽의 문예부흥과 함께 새로운 수학의 세계를 불러일으키면서 나타난 극한과 무한급수 때문에 π에 대한 수학 공식이 나타나기도 했습니다. 그 공식들을 몇 가지 간단히 소개하자면 다음과 같습니다.

비에트 공식	$\dfrac{\sqrt{2}}{2} \cdot \dfrac{\sqrt{2+\sqrt{2}}}{2} \cdot \dfrac{\sqrt{2+\sqrt{2+\sqrt{2}}}}{2} \cdots = \dfrac{2}{\pi}$
오일러 공식	$\zeta(2) = \dfrac{1}{1^2} + \dfrac{1}{2^2} + \dfrac{1}{3^2} + \dfrac{1}{4^2} + \cdots = \dfrac{\pi^2}{6}$
라이프니츠 공식	$\dfrac{1}{1} - \dfrac{1}{3} + \dfrac{1}{5} - \dfrac{1}{7} + \dfrac{1}{9} - \cdots = \dfrac{\pi}{4}$
존 웨일스 공식	$\dfrac{2}{1} \cdot \dfrac{2}{3} \cdot \dfrac{4}{3} \cdot \dfrac{4}{5} \cdot \dfrac{6}{5} \cdot \dfrac{6}{7} \cdot \dfrac{8}{7} \cdot \dfrac{8}{9} \cdots = \dfrac{\pi}{2}$
스털링 공식	$n! \approx \sqrt{2\pi n}\left(\dfrac{n}{e}\right)^n$
오일러 등식	$e^{\pi i} + 1 = 0$
연분수 공식	$\dfrac{4}{\pi} = 1 + \cfrac{1}{3 + \cfrac{4}{5 + \cfrac{9}{7 + \cfrac{16}{9 + \cfrac{25}{11 + \cfrac{36}{13 + \cdots}}}}}}$

이들 중에서 특히 오일러의 등식은 '세상에서 가장 아름다운 식'으로 알려져 있습니다.

한편 수많은 수학자들이 소수점 아래를 계속 구해도 정확한 원주율의 값은 구할 수 없었습니다. 그래서 1706년에 존 웨일스가 처음으로 '둘레'를 뜻하는 그리스어 $\pi\rho\tau\phi\varepsilon\tau\varepsilon\tau\alpha$의 머리글자를 따서 원주율을 π로 나타내어 사용하였고, 1737년에 수학자 오일러는 이것을 기호로 채택하여 π를 보편화시켰습니다. 이렇게 계속적인 원주율 π값에 대한 수학자들의 도전과 관심 속에서 1761년에 램버트가 원주율 π는 순환하지 않는 무한소수, 즉 무리수라는 것을 증명했습니다. 또한 1882년에 페르디난트 폰 린데만이 π는 유리수를 계수로 갖는 유한 차수의 다항식의 해가 될 수 없는 초월수임을 증명했습니다. 즉, 원주율은 어떤 정수에 적당한 유리수를 곱하고 제곱근을 씌우는 등의 연산을 조합하여 얻어낼 수 없다는 사실을 알아낸 것입니다. 그 후 원주율 π가 초월수라는 사실을 통해, 그리스 3대 난제 중의 하나였던 자와 컴퍼스만을 사용하여 원과 같은 넓이를 갖는 정사각형을 작도하는 문제가 유한한 대수적 방법으로는 불가능하다는 것을 증명할 수 있었습니다.

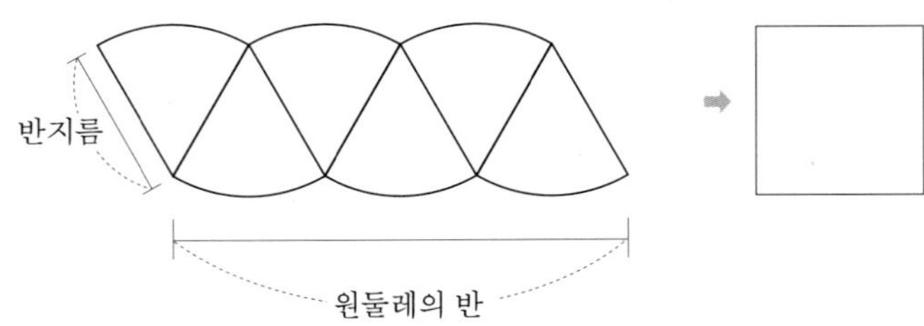

결국 원주율 π의 값을 계산하는데 있어서 아르키메데스의 ‘다각형법’ 과 ‘무한 급수법’ 으로 계산하는 것은 한계가 있었습니다.

끊임없는 계산과 증명들이 나오는 가운데, 1949년에 최초의 디지털 컴퓨터가 등장하여 π의 값을 소수점 아래 800자리까지 계산했습니다. 이후 1961년에 소수점 아래 10만 자리까지, 1974년에는 CDC 600이라는 컴퓨터로 π의 값을 소수점 아래 100만 자리까지 계산하였습니다. 또한 1984년 동경 대학 팀은 슈퍼 컴퓨터로 π의 값을 소수점 아래 1600만 자리까지 구하였는데, 이는 몇천 페이지짜리 책을 메울 수 있는 분량이며, 컴퓨터로 약 24시간이 걸린 것으로 알려져 있습니다.

또한 현재까지 모든 컴퓨터에 의한 값들은 1777년에 프랑스의 뷔퐁의 계산한 수들을 나열한 것과 차이가 없습니다. 과연 뷔퐁은 컴퓨터로도 하기 힘든 값을 어떤 방법으로 알게 되었을까요?

뷔퐁의 π를 구하기 위한 실험

우선 바늘과 종이를 준비하고, 종이에 바늘의 길이와 같은
평행선을 여러 개 그은 후 바늘을 뿌립니다. 이때, 바늘을
많이 던지면 던질수록 정확한 π의 값을 얻을 수 있으므로
가능한 많이 뿌립니다. 그런 다음 바늘을 던졌을 때

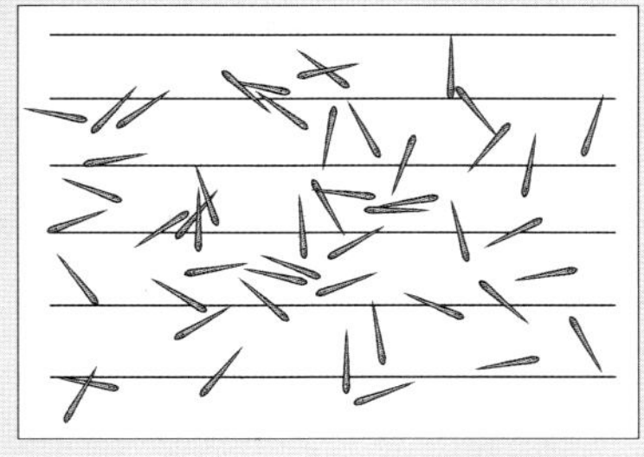

평행선과 만난 바늘의 개수 $=58$개

평행선 사이에 떨어진 바늘의 개수 $=33$개라고 하면

$$\pi = \frac{2(\text{핀의 개수})}{(\text{선과 만난 핀의 개수})} = \frac{2 \times (58+33)}{58} = 3.1379$$

가 됩니다. 단, 여기서 양 끝에 있는 평행선 밖으로 떨어진 바늘은 무시하도록 합니다. 그 이유는 무엇일까요?

바늘의 길이와 같은 평행선을 긋고, 그 위에 바늘을 던져 바늘
이 선과 만나는 확률을 계산해 봅시다. 계산을 편하게 하기 위
하여 바늘의 길이를 l로 하고, 바늘의 중심에서 각 선에 가장
가까운 거리를 d라 하고, 바늘이 만든 각을 θ라 합니다. 그러면
바늘과 선분이 만나는 것은 삼각비에 의해 $d \leq \dfrac{1}{2}\sin\theta$일 때입
니다.

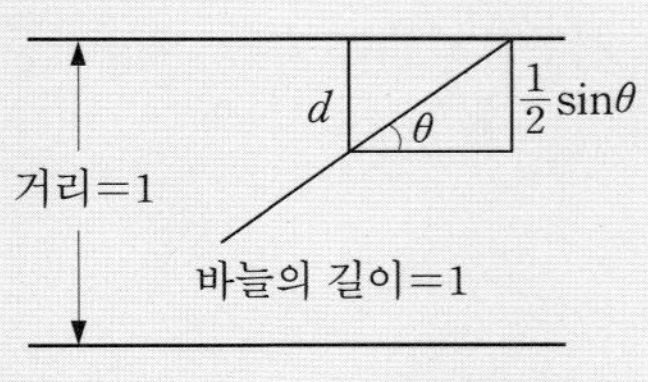

이렇게 바늘과 선이 만나는 경우는 가로축을 바늘의 각, 세로축을 바늘의 중심에서 가장 가까운 선까지의 거
리라고 하면 다음 그래프의 영역임을 알 수 있습니다.

바늘이 선과 만날 확률 $= \dfrac{(\text{그래프의 영역의 넓이})}{(\text{직사각형의 넓이})}$ 이고 이때,

그래프의 영역의 넓이 $=1$

직사각형의 넓이 $=\dfrac{1}{2}\times\pi$

이므로 바늘이 선분과 만날 기하적인 확률은

$\dfrac{1}{\frac{\pi}{2}} = \dfrac{2}{\pi}$가 됩니다.

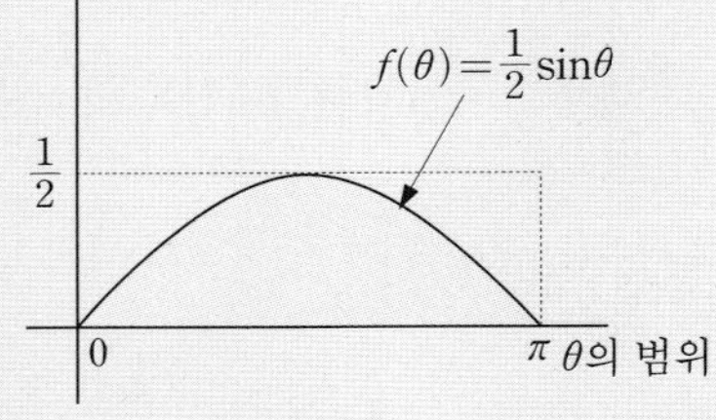

그러므로 $\dfrac{(\text{선과 만난 핀의 개수})}{(\text{핀의 개수})} = \dfrac{2}{\pi}$

즉, $\pi = \dfrac{2(\text{핀의 개수})}{(\text{선과 만난 핀의 개수})}$ 로 계산할 수 있게 되는 것입니다.

아름다운 보석 세공

　한 변이 1cm인 정오각형의 보석이 있습니다. 보석 세공을 하기 위해 각 꼭지점까지의 거리가 1cm 미만인 부분을 제거했습니다. 남은 부분의 넓이는 얼마인지 알아보세요.

(구 소련 수학올림피아드 9회)

풀이

　오각형의 남은 부분은 5개의 합동인 도형(그림에서 색이 칠해진 부분)으로 분할됩니다.

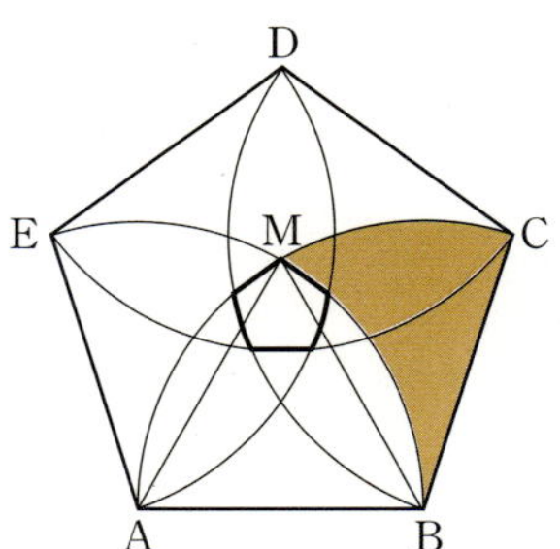

　이것을 가정하여 곡선 삼각형을 △MBC라고 하고, 이 △MBC의 넓이를 S라 합시다.

　그렇다면 △ABM과 $\angle MBC\left(=\dfrac{3\pi}{5}-\dfrac{\pi}{3}=\dfrac{4\pi}{15}\right)$를 중심각으로 하는 부채꼴 넓이의

합에서 S는 $\angle MAB\left(=\dfrac{\pi}{3}=60°\right)$를 중심각으로 하는 부채꼴의 넓이를 빼면 됩니다.

$$5\times S=\dfrac{5\sqrt{3}}{4}+\dfrac{5}{2}\times\dfrac{4\pi}{15}-\dfrac{5}{2}\times\dfrac{\pi}{3}=\dfrac{5\sqrt{3}}{4}-\dfrac{\pi}{6}$$

을 얻을 수 있습니다. 따라서 넓이는 $\dfrac{5\sqrt{3}}{4}-\dfrac{\pi}{6}$입니다.

3 원주율 π의 기념과 놀이

지금 이 순간에도 끝나지 않을 원주율 π는 누군가에 의해 소수점 아래의 숫자를 구하기 위해 계속 계산되고 있을 것입니다. 또한 어딘가에서 원주율 π의 규칙성을 찾아 π의 비밀을 벗기기 위해 연구하는 사람이 있을 것입니다. 그만큼 π는 수학을 공부하는 학자들에게 신비로운 매력을 지닌 수이기 때문입니다.

최근 유럽에서는 π에 대한 관심이 많이 사라졌지만 미국에서는 일명 'π-Club'이 있습니다. 원주율 π가 $3.1415926\cdots\cdots$ 이기 때문에 3월 14일을 파이데이(π-day)라고 명하고 오후 1시 59분 26초에 모여 노래와 π모양의 파이를 먹으며 축하하는 것입니다. 그리고 이날은 물리학의 새 지평을 연 아인슈타인의 생일로도 유명하며, 초 · 중 · 고등학교와 대학을 중심으로 π를 기념하는 행사를 하며 즐기는 날입니다. 파이데이에는 π값 외우기, π에서 생일 찾아내기 등의 게임과 원형 놀이기구의 길이 · 넓이 · 부피 구하기 퀴즈 대회 등을 하고 있습니다.

그럼, 여기에서 π를 이용하는 몇 가지 단순한 놀이 활동을 알아보도록 합시다.

오른쪽 그림과 같은 다트 판을 다트의 지름과 맞는 정사각형의 판 위에 고정시킵니다. 그리고 두 팀으로 나누어 다트를 던지는데 이때, 명심해야 할 것은 가능한 π값에 정확하게 겨냥해서 다트를 골고루 던지는 것입니다. 그런 다음 다트와 정사각형의 $\frac{1}{4}$ 을 아래와 같이 조사하여 사분원의 안쪽과 원의 중심인 원점을 맞춘 다트를 셉니다.

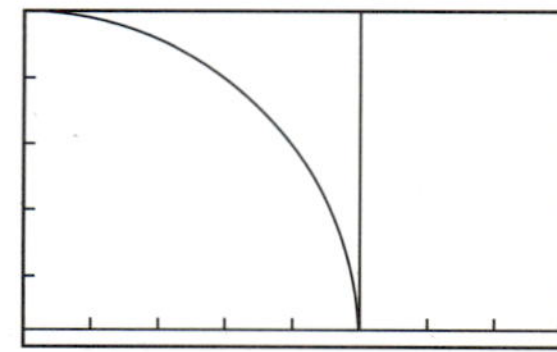
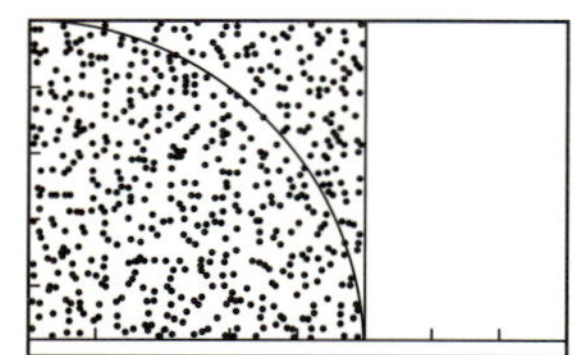

여기에서는

총 던진 횟수(T)＝1000개, 다트의 4분원 안에 맞춘 횟수(H)＝790개

이므로 원의 반지름의 길이를 r이라고 합시다. 그러면

4분원의 넓이＝$\frac{1}{4}\pi r^2$, 정사각형의 $\frac{1}{4}$넓이＝r^2 이기

때문에 $\pi=\dfrac{4\times\frac{1}{4}\pi r^2}{r^2}$ 가 되는 원리에 의해서 $4\left(\dfrac{H}{T}\right)$의

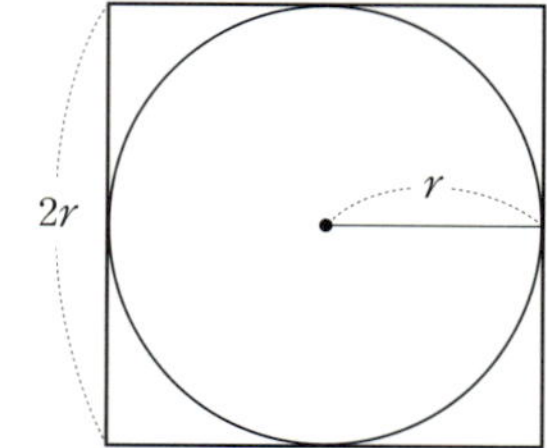

값은 π에 접근해야 할 것임을 추정할 수 있습니다.

즉, $H=790$, $T=1000$ 이므로

$$4\times\left(\frac{H}{T}\right)=4\times\left(\frac{790}{1000}\right)=3.16\approx\pi \text{ 가 됩니다.}$$

두 팀으로 나누어 나열된 자연수 $1, 2, 3, 4, 5, 6, 7, 8, 9, 10, 11, 12, \cdots, 100$에 대해 다음과 같이 각 단계마다 $2n+1$번째 수부터 n개씩 건너 뛰어 없애 나가면서 수열 $\{a_n\}$을 구해나갑니다.

1단계 3번째 수부터 1개씩 건너 뛰어 없앱니다.

$$1, \ 2, \ 4, \ 6, \ 8, \ 10, \ 12, \ 14, \ 16, \ 18, \ 20, \ 22, \ 24, \ 26, \ 28, \ 30,$$
$$32, \ 34, \ \cdots, \ 98, \ 100$$

2단계 5번째 수부터 2개씩 건너 뛰어 없앱니다.

$$1, \ 2, \ 4, \ 6, \ 10, \ 12, \ 16, \ 18, \ 22, \ 24, \ 28, \ 30, \ 34, \ 36, \ 40, \ 42,$$
$$46, \ 48, \ 52, \ 54, \ 58, \ 60, \ 64, \ 66, \ 70, \ 72, \ 76, \ 78, \ 82, \ \cdots,$$
$$100$$

3단계 7번째 수부터 3개씩 건너 뛰어 없앱니다.

$$1, \ 2, \ 4, \ 6, \ 10, \ 12, \ 18, \ 22, \ 24, \ 30, \ 34, \ 36, \ 42, \ 46, \ 48, \ 52,$$
$$58, \ 60, \ 64, \ 70, \ 72, \ 76, \ 82, \ \cdots, \ 96$$

정해진 시간 동안(5분 정도) 위의 단계를 반복적으로 수행하면서 $n=1, 2, 3, 4,$ $\cdots$에 대하여 수열 $\{a_n\}$을 기록하면서 $\left\{ \dfrac{n^2}{a_n} \,\middle|\, n=1, \ 2, \ 3, \ \cdots \right\}$을 계산합니다.

이때 조를 나누어 시행하고, π의 값을 가장 정확하게 구한 조가 이기는 것으로 정합니다. 그리고 $2n+1$번째 수부터 n개씩 건너 뛰어 없애면 특별한 수의 집합 $\{a_n \,|\, n=1, \ 2, \ \cdots\}$

$$= \{1, \ 2, \ 4, \ 6, \ 10, \ 12, \ 18, \ 22, \ 30, \ 34, \ 42, \ 48, \ 58, \ 60, \ 78, \ 82\}$$

를 얻게 됩니다.

그러면 수열 $\left\{\dfrac{n^2}{a_n}\,\middle|\,n=1,\,2,\,3,\,\cdots\right\}$

$$=\left\{\dfrac{1^2}{1}=1,\ \dfrac{2^2}{2}=2,\ \dfrac{3^2}{4}=2.25,\ \dfrac{4^2}{6}=2.66\cdots,\ \dfrac{5^2}{10}=2.5,\ \dfrac{6^2}{12}=3,\ \cdots,\ \dfrac{16^2}{82}=3.12\right\}$$

가 π로 수렴하는 것을 볼 수 있습니다.

이때 $n=2^n$이면 $\pi=3.140502204$로 거의 π값에 근사해 간다는 것을 알게 됩니다. 단, 이 방법에서는 자연수를 얼마까지 대상으로 하고 몇 단계까지 진행했느냐에 따라 π값이 달라진다는 것을 명심해야 합니다. 그러나 대상의 수가 크거나 단계를 많이 진행했다고 해서 π의 값이 항상 더 정확해지는 것은 아닙니다. 그러므로 공정한 게임을 위해서 하나 정도의 변수는 고정시키는 것이 바람직합니다.

놀이 3) π값에 가까운 식

그동안 배워 온 사칙연산, 제곱근, π 등 가능한 모든 연산을 사용하여 π의 값에 가까운 식을 만드는 게임을 해봅시다. 누가 얼마나 많은 수를 만들었는지, 얼마나 정확한 수를 만들었는지에 따라 승패가 달라집니다.

이 방법은 계산기나 다양한 도구들을 활용해서 식을 유도하고 원주율 π에 대한 여러 표현을 익힐 수 있습니다. 다음은 π의 값에 가까운 식을 찾을 수 있는 예입니다.

$$\sqrt{10},\ \sqrt[3]{31},\ \dfrac{666}{212},\ \sqrt{2}+\sqrt{3},\ \dfrac{10}{\pi},\ \left(\dfrac{296}{167}\right)^2,\ \dfrac{5}{9}+\sqrt{\dfrac{5}{9}},$$

$$\sqrt{\dfrac{19\sqrt{7}}{16}},\ 1.1\times1.2\times1.4\times1.7$$

여행 거리 비교하기

민지와 종욱이는 지구의 적도를 걸어서 일주하는 여행을 함께 했습니다. 출발한 장소에 다시 도착했을 때, 종욱이는 민지에게 "내 발보다 머리가 더 많이 힘들었어"라고 했습니다. 민지는 곰곰이 생각해 보았습니다. 이들의 머리는 발끝보다 어느 정도 더 여행했을까요?

풀 이

지구의 반지름을 r이라고 하면 발이 지나간 거리는 지구의 둘레인 $2\pi r$이 됩니다. 이때, 사람의 신장을 am라고 한다면 머리 꼭대기가 지나간 거리는 $2\pi(r+a)$입니다. 머리와 신장의 차이는 $2\pi(r+a)-2\pi r=2\pi a$이므로 발끝보다도 머리끝이 $2\pi a$m만큼 더 긴 거리를 일주한 것이 됩니다.

재미있는 사실 하나는 반지름이 서로 다른 지구에서나 목성에서나, 또는 다른 소혹성에서도 머리는 발보다 항상 $2\pi a$m이상 여행한다는 것입니다. 그 이유는 두 동심원(발이 그린 원과 머리가 그린 원)의 원둘레의 차이는 반지름과 무관하며, 단지 반지름의 차에 의해서만 결정되기 때문입니다. 즉 반지름이 1cm 길어졌을 때 원주의 길이가 늘어나는 비율은 어느 행성이거나 동전이거나 모두 같다는 것을 의미합니다.

영화 『파이(π)』

원주율 π에 대한 수학자들의 열정은 영화 『파이(π)』를 통해서도 알 수 있습니다.

9시 13분. 개인 기록

내가 어린 꼬마였을때, 내 어머니는 태양을 똑바로 응시하지 말라고 말씀하셨다. 그래서 한번은, 내가 여섯 살이었을 때, 태양을 계속 응시했었다. 의사들은 내 눈이 회복될 수 있을지를 알지 못했다. 나는 겁에 질렸었다. 그 어두운 암흑 속에서 외로이…… 점차적으로 햇빛이 붕대를 통해 스며들어왔다. 그리고 나는 볼 수 있게 되었다.

12시 45분. 내 가정을 다시 설명하겠다

첫째 : 수학은 자연의 언어이다. 둘째 : 우리 주위의 모든 것들은 숫자로서 표현되고 이해될 수 있다. 셋째 : 어떤 체계의 숫자들이든지 그래프로 표현하면 패턴들이 나타난다. 그러므로 자연계의 모든 곳에는 패턴들이 존재한다.

증거 : 전염성 질환의 주기적인 발병 ; 순록 개체수의 증가와 감소 ; 태양 흑점의 순환 ; 나일 강의 범람과 퇴조. 그럼, 주식 시장은 어떨까? 전체 경제를 나타내는 숫자들의 집단이다. 수백만의 손들이 일을 하고, 수십억의 사고(思考)가 이루어진다. 거대한 네트워크, 삶의 절규. 조직체. 자연의 조직체.

나의 전제 : 주식시장에 있어서도 역시나 패턴이 존재한다.

11시22분. 개인 기록

솔 교수님은 파이 연구를 그만두면서 많이 약해지셨다. 그것은 단지 발작 때문만은 아니었다. 어떻게 파이가 실제로 무엇인지를 거의 다 밝혀놓고선 그만둘 수 있을까? 거의 다 접근한 상태에서, 어떻게 그 숫자들 속에 일정한 형태가 있다고 믿는 것을 그만둘 수 있을까?

4시 42분. 새로운 증거

피타고라스를 기억하라. 기원전 500년 경 아테네 수학자이자 제사장.
주된 업적 : 황금비(Golden Ratio).
시각적으로, 길이와 폭에 있어서 가장 안정적이고 아름답게 보인다. 정사각형으로 나누면 나머지 부분은 같은 황금비를 가진 작은 황금직사각형이 된다. 작은 황금사각형에도 같은 작업을 반복하면, 영원히 계속된다.

이 영화에서 원주율의 비밀을 밝혀내고자 컴퓨터와 씨름하는 천재적인 수학자 맥스 코헨. 그는 주식시장에 담긴 수학적 패턴을 π값을 통해 찾는 일에 몰두하다가 어느 날 216자리로 된 숫자를 찾아냅니다. 맥스는 이 숫자 때문에 증권시장의 주가지수에 대한 정보를 미리 알아내려는 월 스트리트의 사업가와 신의 신비를 탐구하는 유대교 신비주의자의 음모에 말려들게 됩니다. 사실 영화 속에서 많은 이들이 그토록 매달린 원주율 π는 특별히 어떤 패턴(비밀)을 발견하지 못해도 그 자체로서 충분히 조화롭고 아름다우며 신비스러운 것입니다.

최적의 넓이 구하기

아르키메데스가 살던 고대 그리스 시대에는 다각형의 넓이를 구하기 위하여 다음과 같이 다각형을 삼각형으로 나누어서 이들 삼각형의 넓이를 합하였습니다.

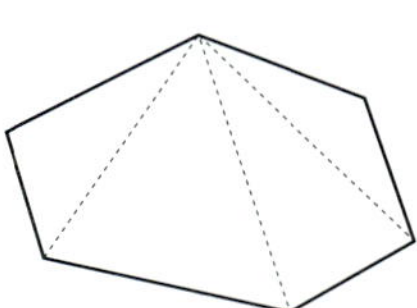

고대 그리스인들의 방법을 응용하여 다음 그림에 나타난 안경알의 넓이를 구하는 방법에 대하여 생각해봅시다.

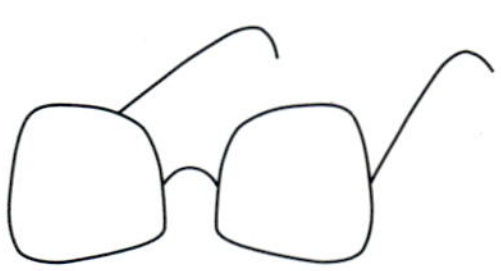

풀 이

안경알은 양쪽 대칭이므로 한쪽의 안경알 넓이만 구하면 됩니다. 그런데 안경알의 모양이 쉽게 면적을 구할 수 있는 모양이 아닙니다.

다각형의 넓이는 고대 그리스인들의 방법을 따라서 구할 수 있으므로 안경알에 외접하는 다각형 A와 내접하는 다각형 B를 만듭니다. 그러면 안경알의 넓이는 다음의 관계식을 만족합니다.

$$(\text{다각형 B의 넓이}) \leq (\text{안경알 한 개의 넓이}) \leq (\text{다각형 A의 넓이})$$

또한 점선과 같이 주어진 다각형의 변의 수를 늘리면 A의 넓이는 줄어들고, B의 넓이는 늘어나면서 안경알의 넓이에 가까워집니다. 따라서 다각형 A의 넓이와 B의 넓이를 비교해서 안경알의 넓이보다 정확한 근사값을 구할 수 있습니다.

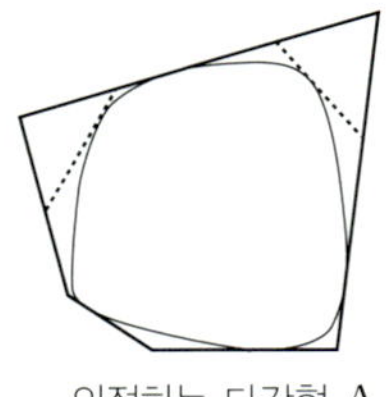

외접하는 다각형 A

내접하는 다각형 B

끝나지 않는 π

수는 자연 안에서 인간의 필요에 의해 나타났다고 할 수 있습니다. 초월과 신비의 의미를 지니고 있는 원주율 π도 같은 의미를 지니고 있습니다. 즉, 원주율 π는 하늘에 떠있는 태양과 달을 보며 '원' 이라는 도형을 인식하게 되었기 때문에 발견할 수 있었던 것입니다. 이 도형의 성질을 알고자 가장 먼저, 원둘레의 길이를 재기 위한 방법을 알기 위해 원주율 π를 발견한 것입니다.

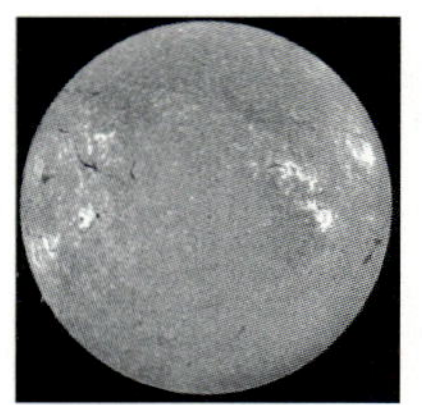

해

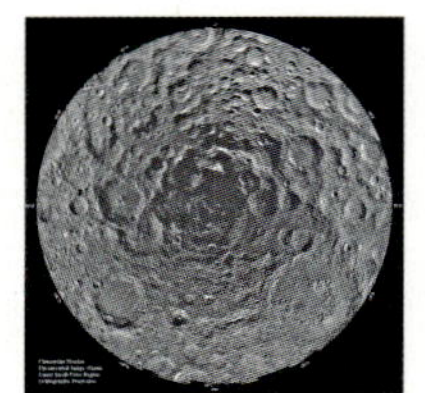

달

새로운 발견과 연구는 과학에서만 이루어지는 것이 아닙니다. 사물에 대한 원리와 규칙성 등을 찾아내고, 그 원인을 수학적으로 표현해 내는 것이 수학자들이 연구하는 부분입니다. 원주율 π는 굽이굽이 흐르는 강물의 길이를 수학적으로 잰 최단 거리의 비율이기도 합니다. 이렇게 숨어 있는 자연의 이치와 섭리를 인간은 호기심으로 바라보며 생각하기 때문에 오늘날까지 계속적인 발전을 해올 수 있었습니다.

수에 대한 관심은 자연을 이해하고 나아가 삶을 충족시키는 결과를 가져올 것입니다. 아직 끝나지 않은 π를 비롯하여 또 다른 신비한 수가 바로 우리 주변에 있습니다

6 장

마법의 숫자 배열 마방진

왜 수학이 아름다운지
당신이 이유를 알 수 없다면 남들도 말해 줄 수 없다.
나는 그저 아름답다는 것을 안다.
그게 아름답지 않다면
아름다운 것은 세상에 없다.
— 폴 이르되시

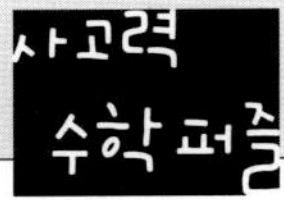

★★★

마방진 깨기

다음의 행렬은 3개의 행과 열의 합이 다 같습니다.

$$\begin{bmatrix} 4 & 9 & 2 \\ 8 & 1 & 6 \\ 3 & 5 & 7 \end{bmatrix}$$

위의 행렬의 최소 몇 개의 원소를 바꾸어야만 각각의 행과 열의 합이 모두 다르게 될까요?

풀이

만약 세 개의 원소만 바꾼다면 2개의 행이나 열은 바꾸지 않거나 하나의 행이나 열이 바뀌게 됩니다. 어떤 경우든 적어도 2개의 합은 그대로 같게 됩니다. 그러나 네 개의 원소를 바꾸면 모든 행과 열이 서로 다른 값을 갖게 됩니다.

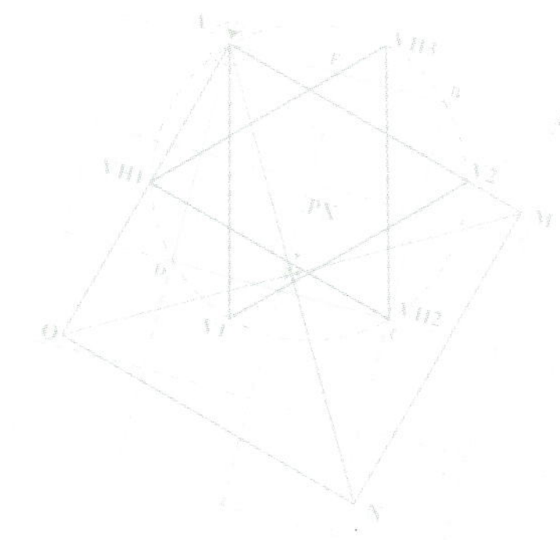

마방진

　사람들이 글자와 숫자를 만들 때부터 마방진은 숫자놀이의 하나로, 호기심의 대상으로 많은 관심을 끌었습니다. 서양 사람들은 마방진(Masic-Square)을 신비한 마술적 의미로 여기기도 했습니다. 근래에 와서 마방진은 틀 속에 숫자를 써넣은 숫자놀이의 하나로 널리 알려지게 됩니다.

　마방진은 자연수를 방형으로 배열하여 세로나 가로, 대각선을 합친 수가 똑같게 만드는 것입니다. 하나의 숫자도 빠지거나 되풀이되지 않으며, 흔히 마방진을 방진이라고 부르기도 합니다.

　중국에는 마방진에 대한 이야기가 전해져 오고 있습니다. 해마다 중국은 물난리로 수많은 전답과 가옥이 침수되어 그 피해가 매우 컸었습니다. 그래서 고대부터 국정 제일의 목표가 관개와 치수였는데, 그중에서도 가장 인상적인 치수계산법은 우왕의 시기에 나타났습니다.

　우왕이 낙수에서 제방공사를 하고 있을 때, 공사가 매우 어려워서 고민하고 있었습니다. 그러던 어느 날 거북이 한 마리가 나타났는데, 거북이의 등 모양이 방진형이었습니다.

우왕은 거북이 등이 가로, 세로, 대각선 모두 균형을 갖추고 있다는 것에서 힌트를 얻어 공사를 무사히 마무리 지었다고 합니다. 이 원리로 그려진 그림이 바로 낙서(落書)입니다. 낙서는 1부터 9까지의 숫자가 3행 3열(3×3)로 배열되어 있었으며, 어느 방향으로 더하든지 합이 15가 됩니다. 이것이 바로 역사상 남아 있는 최초의 마방진입니다.

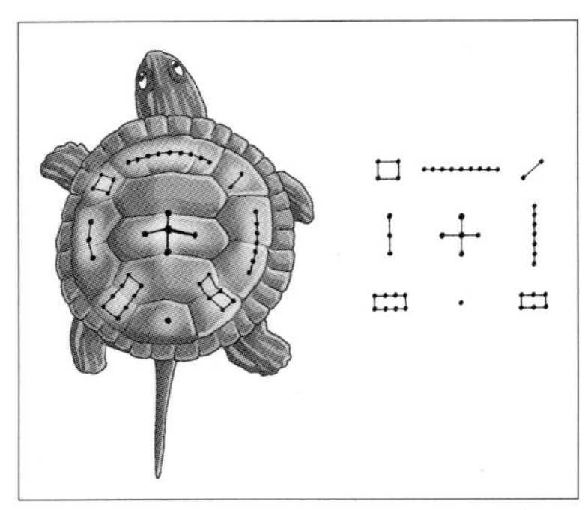

낙서(落書)

그렇다면 이번에는 유럽에서 마방진을 찾아 봅시다. 서양에서 최초로 기록된 마방진은 16세기 초 독일의 뒤러가 남긴 4행 4열 마방진입니다.

뒤러의 「멜랑콜리아」

광학 기술자이자 원근법의 원리를 이용하기로 유명한 화가였던 뒤러는 자신의 관에 우울함을 뜻하는 「멜랑콜리아」라는 그림을 남겼습니다.

이 신비롭고 우울한 분위기의 작품 속에는 각종 상징을 담고 있는 사물들이 등장합니다. 그림 속 여성은 손에 컴퍼스와 같은 수학적이면서도 과학적인 상징의 도구들이 쥐고 있습니다. 그림 밑에는 톱, 대패, 망치 등의 노동에 쓰이는 도구들이, 위 쪽 벽에는 모래시계, 저울,

종 등이 있습니다. 그리고 그 옆에 바로 가로, 세로, 대각선의 합이 34가 되는 마방진이 그려져 있습니다. 재미있는 것은 이 마방진의 4행의 2열, 3열의 숫자는 각각 15와 14라는 점인데, 둘을 연결하면 1514, 바로 뒤러가 사망한 연도가 됩니다.

우리나라에도 마방진이 있었을까요? 물론입니다. 30세에 진사 시험에 수석 합격하고, 그 후 부제학, 이조참판, 우의정, 좌의정, 대제학, 영의정 등 왕조의 주요 직책을 모두 거쳤던 최석정(1646~1715)이 다음 그림과 같이 마방진과 비

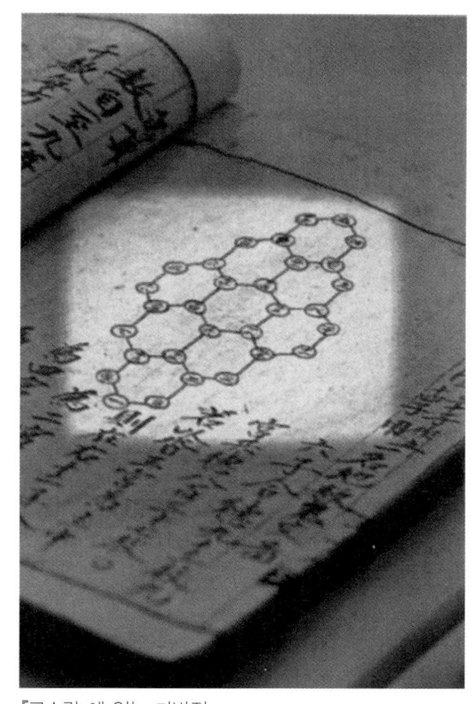

『구수략』에 있는 마방진

숫한 것을 창안하여 그의 수학 저서인 『구수략(九數略)』에 실었습니다. 이 책에 있는 마방진은 1에서 30까지의 수를 한 번씩만 사용하여 만든 마방진으로, 각 육각형의 수의 합이 같습니다.

이처럼 마방진은 다양하게 인간의 역사 속에서 등장하고 있습니다. 그러나 수천 년 동안 많은 수학자들의 관심을 받아왔지만 아직 마방진의 구성 원리에 대한 명쾌한 해답이 나오지 않았습니다.

정말 이름 그대로 마방진은 마술인 걸까요?

바퀴 속에 숨어있는 수의 마법

꽃마차의 바퀴에는 1부터 19까지의 수가 새겨져 있었습니다. 가운데 수를 포함한 각각의 세 수의 합이 30이 되도록 배열되어 있습니다. 빈 칸에 알맞은 숫자를 넣어 봅시다.

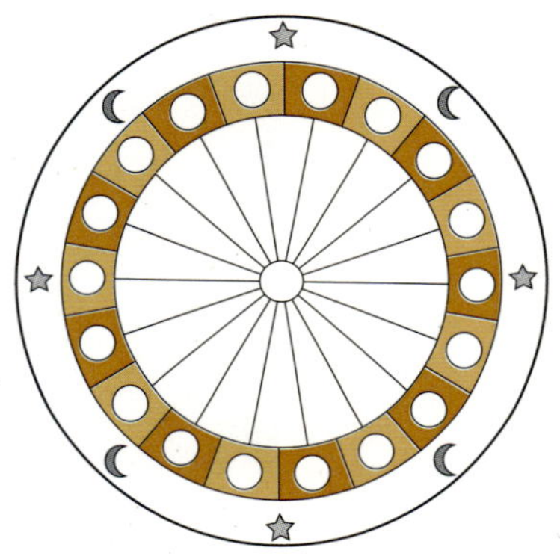

풀이

먼저 1부터 19까지 빠짐없이 서로 다른 수들이 배열이 되어야 합니다. 그래서 가운데 넣을 수는 이 수들을 크기순으로 나열했을 때, 중앙에 해당되는 10이 됩니다. 그리고 10을 기준으로 대칭되는 두 수의 합은 20이므로 이 숫자들의 쌍을 마주보도록 오른쪽 그림과 같이 배열하면 됩니다.

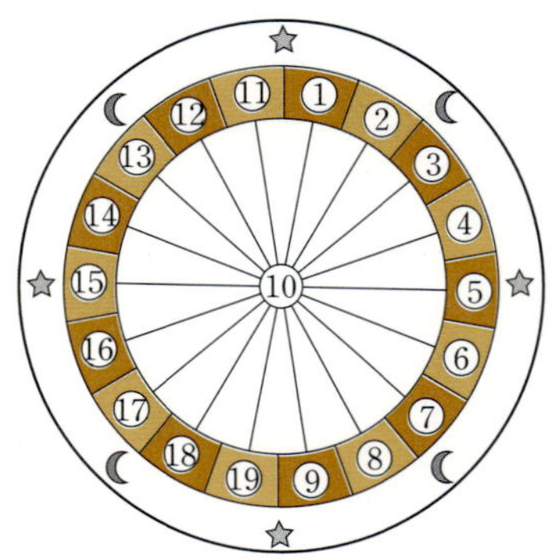

1 │ 3×3 마방진 이야기

　자연수들이 이루는 마법의 배열 중에서 기본이 되는 형태가 바로 3행 3열(3×3)의 마방진입니다. 3×3칸에 1~9까지의 숫자를 채워서 가로, 세로, 대각 방향의 합이 모두 15가 되도록 만드는 것은 설명이 없더라도 쉽게 만들 수 있습니다.

　한번 직접 만들어봅시다.

　실제로 3×3 마방진을 만드는 방법은 다양하면서도 특별한 해법이 없이 만들 수 있습니다.

　일반적인 원리가 반영된 두 가지 원리를 살펴봅시다.

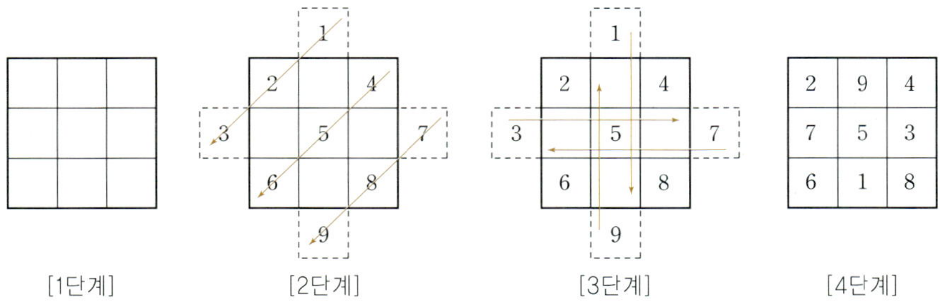

　먼저 빈칸이 9개가 있는 3×3 정사각형을 그린 다음, 각 모서리의 중앙에 칸을 하나씩 더 만듭니다. 그리고 [2단계]와 같이 맨 위쪽 가운데부터 중심점을 지나는 대각선을 기준으로 하여 오른쪽에서 왼쪽 아래의 방향으로 (1, 2, 3), (4, 5, 6), (7, 8, 9)의 숫자들을 씁니다. [3단계]에서는 방진 모양의 바깥에 있는 각 숫자들을 그 줄에서 가장 먼 자리에 있는 방진 안쪽의 빈칸으로 옮겨 넣습니다. 그러면 낙수에서 발견된 거북이 등껍질에 있던 3×3 마방진이 완성됩니다.

또 다른 방법은 세 가지의 보조 방진을 이용하는 것입니다.

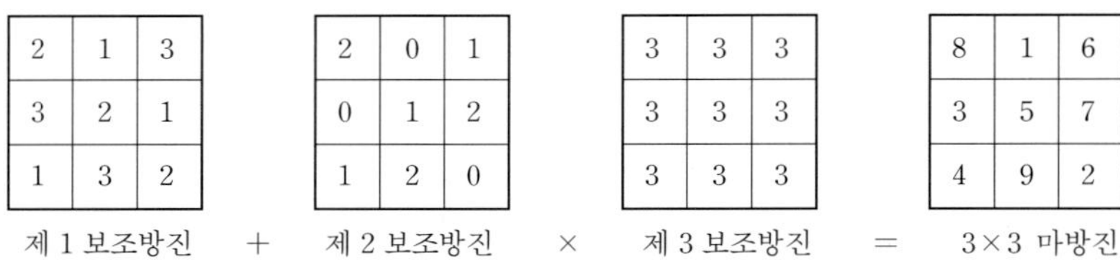

제 1 보조방진   +   제 2 보조방진   ×   제 3 보조방진   = 3×3 마방진

우선 1, 2, 3 세 개의 수로만 이루어진 3×3방진을 제1보조방진으로 둡니다. 그리고 이때 만들어진 제1보조방진을 시계 반대 방향으로 $90°$회전시킨 후, 각 칸의 수에서 1을 뺀 수들로 구성된 방진을 제2보조방진이라고 합니다.

또한 각각의 제2보조방진과 제3보조방진의 칸마다 수들끼리 곱한 다음에 제1보조방진의 수들을 더하면 위의 그림과 같이 3×3 마방진이 형성됩니다.

이렇게 만들어진 기본 마방진의 한 가지 재미있는 사실이 있습니다. 다른 어떠한 새로운 방법을 동원하여 마방진을 만들어도 결정된 하나의 3×3 마방진을 $90°$씩 회전시키면 모두 같은 결과로 나타난다는 것입니다.

홀수들의 3×3 마방진

1부터 17까지의 홀수들을 오른쪽 아홉 개의 빈칸에 한 번씩만 사용하여 가로, 세로, 대각 방향의 합이 항상 같도록 배치시키세요. 또한 해결 방법에 관해 설명도 풀이하세요.

풀이

오른쪽의 방진과 같은 기본 방진을 1부터 9까지의 수들로 만듭니다. 그리고 1을 제외한 각각의 수에 크기순으로 수를 넣어 더합니다. 예를 들어, 왼쪽 기본

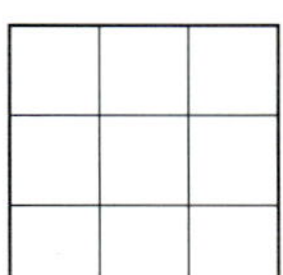

방진의 2에는 1을 더하고, 3에는 2를, 4에는 3을 더합니다. 그러면 각각 3, 5, 7, ⋯ 등이 되어 가로, 세로, 대각선의 합이 모두 27로 일정한 마방진이 만들어집니다.

또는 일반적으로 1부터 17까지의 홀수들을 모두 더한 후, 3으로 나누면 27이 되고 홀수들의 합이 27이 되도록 각 칸에 적당한 수를 넣습니다.

김홍도의 풍속도 「씨름」과 마방진

<table>
<tr><td>8</td><td></td><td>5</td></tr>
<tr><td></td><td>2</td><td></td></tr>
<tr><td>5</td><td></td><td>2</td></tr>
</table>

조선시대 생활상을 가장 실감나게 표현한 풍속화가로는 김홍도가 손꼽힙니다. 그의 풍속화 25점으로 이루어진 『단원풍속화첩』은 당시 서민들의 소박한 삶이나 사회상이 꾸밈없이 표현되고 있습니다. 또한 한국적 해학과 정취를 가능한 생생하게 묘사하기 위해 김홍도의 풍속화는 대체로 배경이 생략되어 있으며 꽉 짜인 원형 구도를 이룹니다. 여기에 간략한 필선의 묘미를 살린 풍속화 「씨름」은 매우 유명한 작품입니다.

그리고 이 풍속화는 수학사에 있어서 풀리지 않는 비밀을 우연의 일치를 가장하여 나타내고 있습니다.

가만히 그의 풍속화를 감상해 봅시다. 그러면 그림 중앙의 씨름하는 두 선수와 이들을 기준으로 열십(十)자를 그어 나뉜 네 영역에 속하는 각 사람들이 위 그림과 같이 마방진의 형태를 띄우고 있다는 것을 알게 됩니다. 즉 대각선에 놓인 세 수의 합은 모두 12가 됩니다. 반면에 앞의 3차 마방진과는 구별되게 8을 기준으로 하여 가로의 합(8+5)과 세로의 합(8+5)이 13으로 같고, 맨 오른쪽 아래 2를 기준으로 보면 가로의 합(5+2)과 세로의 합(5+2)이 7로 동일합니다. 이러한 성질의 수의 배열을 'X자형 마방진'이라 칭합니다.

이처럼 김홍도의 「씨름」은 어느 쪽으로 합해도 같은 수가 되는 신비한 숫자 배열의 구성을 가지고 있습니다. 또한 이 구성을 통해 그림을 보는 이의 눈길을 씨름이 벌어지는 한복판으로 집중시키면서 동시에 구경꾼 수의 변화로 숨통을 틔워 주기도 하지요.

삼각형의 마방진

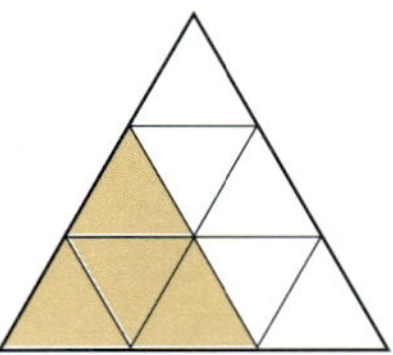

오른쪽 그림에서 색칠되어 있는 부분을 보세요. 3개의 다른 삼각형이 작은 삼각형을 둘러싸고 있는 모양입니다. 이를 '네 개의 삼각형' 이라 부릅니다. 오른쪽 그림의 전체 삼각형은 3개의 '네 개의 삼각형' 을 가지고 있습니다.

만약 1부터 9까지의 정수를 9개의 작은 삼각형에 삼각형 하나마다 쓰고 각각의 '네 개의 삼각형' 의 정수의 합이 같다고 합시다. 그렇다면 이 합의 가장 작은 값은 얼마일까요?

먼저 삼각형의 가장 위부터 차례대로 각 빈칸에 들어갈 수 대신 a부터 i까지의 문자를 대응시킵니다.

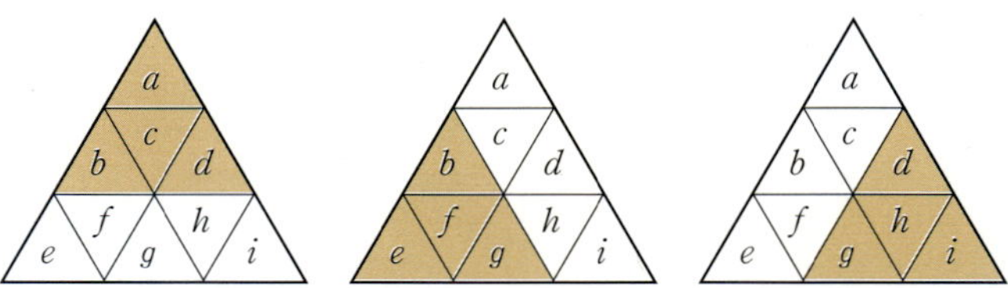

그리고 S를 각각의 색칠한 '네 개의 삼각형'의 숫자의 합이라고 합시다. 이때, 각 '네 개의 삼각형'의 숫자의 합이 같으므로 $S=a+b+c+d$, $S=b+e+f+g$, $S=d+g+h+i$가 됩니다. 이 세 식을 더하면 다음과 같습니다.

$$3S=(a+b+c+d+e+f+g+h+i)+(b+d+g)$$

1부터 9까지의 모든 정수의 합은 45이므로 $3S=45+(b+d+g)$ 입니다.

이를 다시 3으로 나누면 $S=\dfrac{15+(b+d+g)}{3}$ 입니다.

이때, S를 가장 작은 정수로 만들려면 $\dfrac{(b+d+g)}{3}$을 가장 작은 정수로 만들어야만 합니다. 세 개의 다른 정수를 더하여 만들 수 있는 3의 배수 중 가장 작은 수는 $1+2+3=6$이므로 가장 작은 S값은 $15+\left(\dfrac{6}{3}\right)=15+2=17$이 됩니다.

2 4×4 마방진 이야기

뒤러의 방진이라고도 하는 4×4 마방진은 3×3 마방진의 모습과는 비슷하지만 정방형의 구성이 다르기 때문에 만들어지는 방법도 차이가 납니다. 가장 대표적인 방법은 다음과 같습니다.

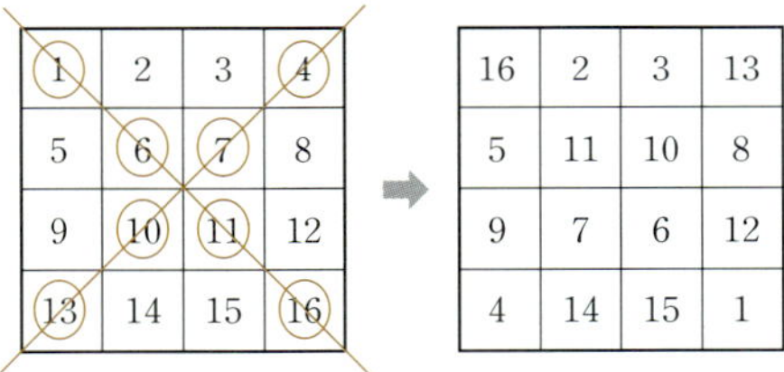

먼저 1부터 16까지의 수를 순서대로 써넣은 다음, 왼쪽 위에서 오른쪽 아래로, 또 오른쪽 위에서 왼쪽 아래로 대각선을 긋습니다. 그리고 대각선이 지나는 칸의 수를 대각선의 교점을 중심으로 점대칭을 시킵니다. 그러면 합이 34인 4차 마방진이 만들어지게 됩니다.

이밖에도 3차 마방진을 만들었던 것과 마찬가지로 보조방진을 이용하는 방법이 있습니다.

3	1	2	4
2	4	3	1
4	2	1	3
1	3	4	2

+

3	0	2	1
1	2	0	3
0	3	1	2
2	1	3	0

×

4	4	4	4
4	4	4	4
4	4	4	4
4	4	4	4

=

15	1	10	8
6	12	3	13
4	14	5	11
9	7	16	2

제 1 보조방진　＋　제 2 보조방진　×　제 3 보조방진　＝　4×4 마방진

우선 1, 2, 3, 4의 수로만 이루어진 4×4방진을 제1 보조방진으로 하고 이때 만들어진 제1 보조방진을 시계 반대 방향으로 90°회전시킵니다. 그런 다음 각 칸의 수에서 1을 뺀 수들로 구성된 방진을 제2 보조방진으로 하며, 또한 모든 수가 4로 되어있는 제3 보조방진을 만듭니다. 이제 제2 보조방진과 제3 보조방진의 각 칸마다 수들끼리 곱한 다음, 제1 보조방진의 수들을 각각 더하면 위의 그림과 같이 4×4 마방진이 형성됩니다.

4×4 마방진은 일반적인 방진입니다. 하지만 보조방진에 따라 결과에 변화가 생길 수 있고 이렇게 나타나는 4차 마방진은 현재 약 880개 정도가 알려져 있습니다. 그들 중에는 독특하며 새로운 성질을 나타내는 방진들이 있습니다. 과연 4차 마방진의 숨은 비밀은 무엇일까요? 그 수수께끼를 알기 위해 아래와 같은 방법으로 4차 마방진을 만들어 봅시다.

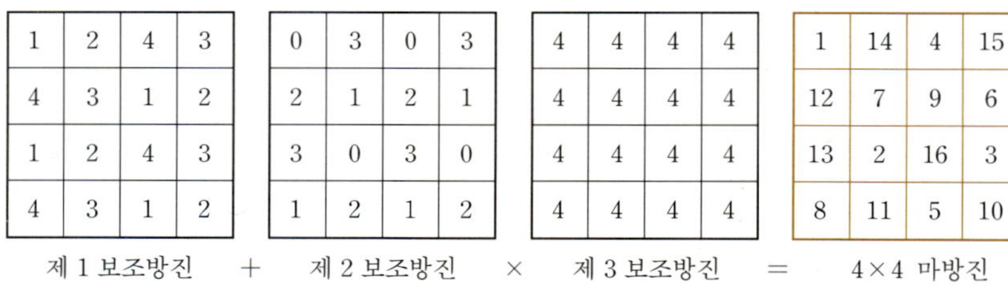

제 1 보조방진 + 제 2 보조방진 × 제 3 보조방진 = 4×4 마방진

완성된 4차 마방진과 똑같은 4개의 방진으로 8×8 마방진을 만듭니다. 이 커다랗고 복잡한 방진 안에서 어느 위치이던지 상관없이 4×4 마방진을 선택해도 그 결과는 항상 각 방향의 합이 34로 일정한 4차 마방진이 됩니다. 이와 같이 마방진을 겹쳐놓고 무작위로 3×3 정사각형이나 4×4 정사각형을 떼어내어도 마방진이 성립하는 것을 완전방진이라고 하며 범 방진이라고도 부릅니다.

4 × 4 마방진의 또 하나의 비밀

　오른쪽 숫자 상자는 16개의 칸에 1부터 16까지의 수를 한번
씩만 써넣은 것입니다. 이 숫자 상자를 보고 될 수 있는 한 많은
규칙을 찾아보세요.

8	11	14	1
13	2	7	12
3	16	9	6
10	5	4	15

풀이

　주어진 숫자 상자는 4차 마방진입니다. 마방진은 가로, 세로, 대각 방향으로의 합이 일정
하다는 것이 규칙이지만 그 외에도 많은 규칙을 찾을 수 있습니다. 즉, 모든 방향으로의 합
이 34인 이 마방진 안에서 우리는 아래와 같이 4개의 수들의 합이 34가 되는 다른 규칙들을
발견할 수 있습니다.

8	11	14	1
13	2	7	12
3	16	9	6
10	5	4	15

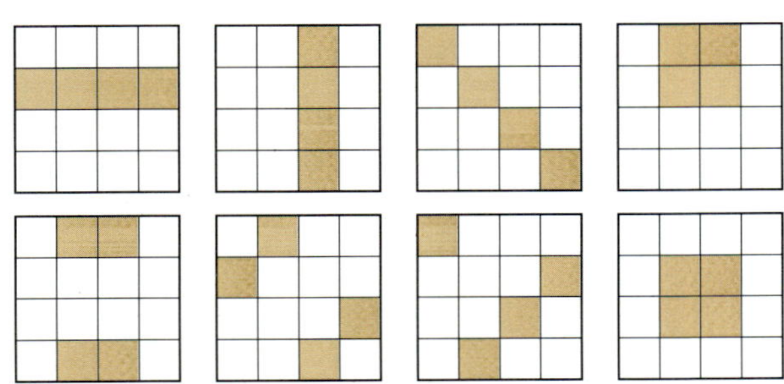

숫자들의 덧셈 릴레이

다음의 그림에서 1부터 10까지 숫자들을 덧셈을 만족하도록 빈칸에 넣으세요.

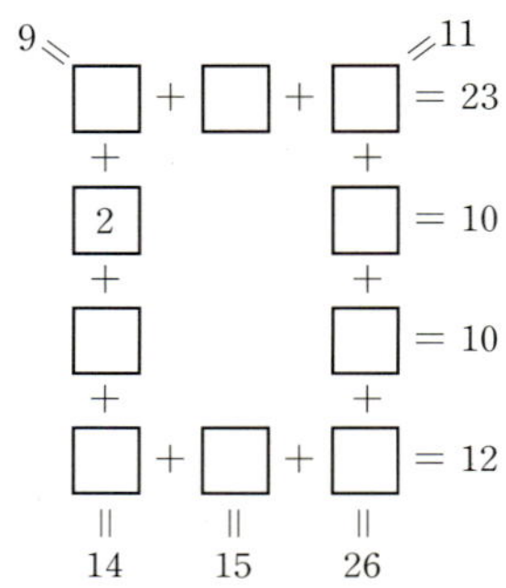

풀이

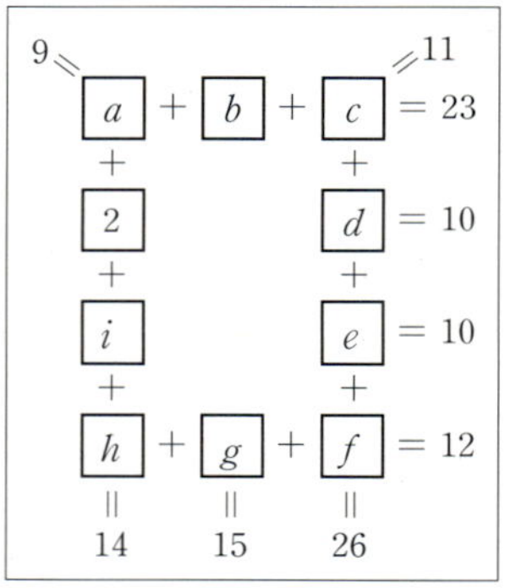

먼저 맨 윗줄 오른쪽부터 시계방향으로(그림 1) $a, b, c,$ d, e, f, g, h, i를 정합니다. 그리고 $d=8$이 되고 $a+b+c=23$, $h+g+f=12$, $c+f+e=18$, $a+i+h=12$, $e+i=10$, $c+h=11$, $a+f=9$, $b+g=15$를 만족하는 양의 정수 1, 3, 4, 5, 6, 7, 9, 10를 정합니다. 그러면 오른쪽과 같은 결과를(그림 2) 갖습니다.

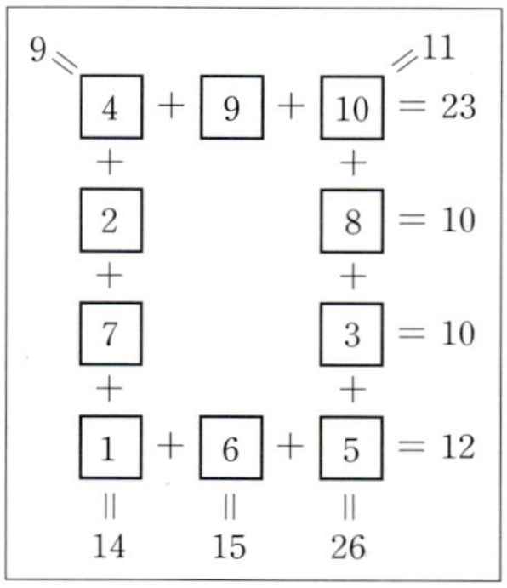

[그림 1]

[그림 2]

3 5×5 마방진 이야기

　지금까지 알려진 바로는 3차 마방진의 경우에는 낙서(洛書)의 배열이 유일합니다. 그리고 4차 이상의 마방진에는 배열이 다른 방진들이 여러 개가 존재하는 것으로 알려져 있습니다. 특히 방진을 구성하기 다소 편한 홀수 정방형 방진에 대해 현재까지 수학자들이 알아낸 5차 마방진은 약 2억 7천5백30만 5천2백여 개가 존재하는 것으로 계산됐습니다. 그러나 6차 이상의 마방진에 대해서는 그 수가 정확하게 몇 개인지 헤아리지 못합니다.

　우리도 5×5 마방진을 만들어보도록 합시다.

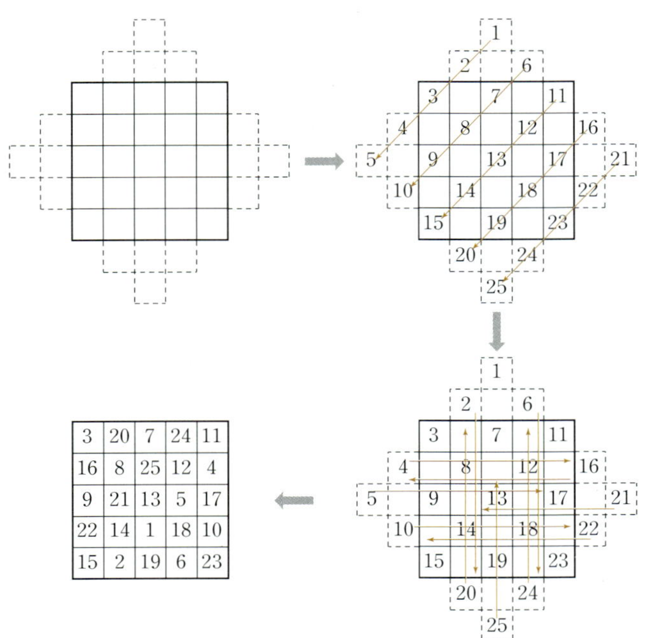

가장 간단한 방법은 앞에서 알아본 3차 마방진을 생성하는 방법과 같은 방법입니다. 각 모서리에 그림과 같이 칸을 추가하여 마름모와 같이 만듭니다. 그리고 맨 위쪽 중앙에서 시작하여 정사각형의 중심점을 지나는 대각선을 기준으로 잡고, 오른쪽에서 왼쪽 아래로 1부터 25까지 배열합니다. 다음으로 모서리 밖에 위치해 있는 숫자들을 그 행이나 열의 가장 먼 정사각형의 안의 빈칸에 옮겨 써넣으면 5차 정방형의 마방진이 탄생하게 됩니다.

그럼 다른 방법은 어떤 것이 있을까요? 여러 가지의 마방진이 만들어질 수 있다는 것은 그만큼 다양한 방법이 있다는 것을 말합니다. 5×5 마방진을 만드는 또 하나의 방법을 생각해 봅시다.

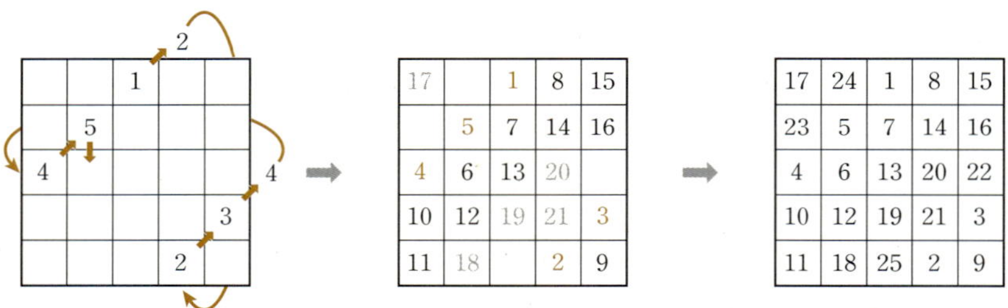

먼저 5×5 정사각형에서 첫 번째 행의 중앙에 숫자 1을 넣습니다. 그리고나서 왼쪽에서 오른쪽 위의 대각선 방향으로 다음 숫자인 2를 넣고자 할 때, 그 위치가 영역을 벗어나기 때문에 해당되는 열의 반대편 위치에 이동시켜 숫자를 써넣습니다. 또 같은 방향으로 숫자 3을 쓰고 다시 숫자 4의 경우에는 벗어나는 영역에 대해 반대편으로 마주보는 행의 첫 칸에 숫자를 적습니다. 그리고 숫자 5를 1과 4 사이에 넣고 나면 더 이상 반복할 수 있는 빈칸이 없으므로 숫자 5의 바로 아래 칸에 숫자 6을 넣고 위의 방법을 5회만큼 반복하여 그림과 같이 5차 마방진을 만들게 됩니다.

곱셈이 만드는 마방진

오른쪽 방진에서 가로, 세로, 대각선 위의 수끼리의 곱을 모두 같게 해주는 g의 값을 모두 구하고 그들의 합을 찾으세요. (단, b, c, d, e, f, g, h는 모두 양의 정수입니다.)

50	b	c
d	e	f
g	h	2

풀이

모든 미지수를 문자 b에 대하여 정리해 봅시다.

우선, $100e=beh=ceg=def$에서 $h=\dfrac{100}{b}$, $g=\dfrac{100}{c}$, $f=\dfrac{100}{d}$

1행과 3행에서 $50bc=2gh=2\times\dfrac{100}{c}\times\dfrac{100}{b} \Leftrightarrow bc=\dfrac{400}{bc} \Leftrightarrow b^2c^2=400$

$\therefore bc=20$ $\therefore c=\dfrac{20}{b}$

1열과 3열에서 $50dg=2cf \Leftrightarrow 50d\times\dfrac{100}{c}=2c\times\dfrac{100}{d}$ $\therefore d=\dfrac{c}{5}=\dfrac{4}{b}$

따라서 $g=5b$, $f=25b$

모든 문자는 양의 정수이므로 $c=\dfrac{20}{b}$ 와 $d=\dfrac{4}{b}$ 에서 $b=1$, 2, 4이어야 합니다.

$\therefore g=5$, 10, 20 이므로 모든 g의 값의 합은 $5+10+20=35$

Sagrada Familia 교회의 마방진

스페인의 바르셀로나에 있는 사그라다 파밀리아(Sagrada Familia) 교회에 있는 수난의 문(서문) 우측 벽면에는 예수와 예수에게 소곤거리는 유다 2명의 큰 상이 있습니다. 그리고 그 옆에는 앞에서 설명한 뒤러(Durer)의 4차 마방진을 모방한 또 다른 4차 마방진이 새겨져 있습니다.

Sagrada Fammilia : 수난의 문의 마방진

뒤러의 마방진은 4차의 정마방진의 표준형으로 1에서 16까지의 숫자를 이용하여 가로, 세로, 대각의 합이 34이지만, 이 교회의 것에는 12와 16이 없고 그 대신에 10과 14가 두 번 사용되어 각 방향으로의 합이 33으로 되어 있습니다. 33은 예수가 죽은 나이를 나타낸다고 생각해 볼 수 있지만 12와 16이 왜 제외되었으며 무엇을 암시하고 있는지는 알 수 없습니다.

그러나 이 두 가지의 마방진들을 각각 굵은 선으로 다시 4개로 분할하면 그 부분들 안에 포함되어있는 네 개 수들의 합이 모두 33과 34로 되어 있다는 사실을 알게 됩니다. 이는 두 마방진의 구성이 같다는 것을 의미하며 아래의 비교로 명확히 확인할 수 있습니다.

1	14	14	4
11	7	6	9
8	10	10	5
13	2	3	15

교회의 마방진

16	3	2	13
5	10	11	8
9	6	7	12
4	15	14	1

뒤러의 마방진

혼합된 마방진

아래의 숫자 퍼즐은 마방진을 조금 더 재미있게 만든 정사각형과 타원으로 만든 퍼즐입니다. 1부터 16까지의 숫자를 한 번씩만 써서 다음의 조건을 만족하도록 그림의 작은 원들 안에 넣으세요.

(1) 실선으로 표시된 마름모를 이루는 8개의 선분에 걸쳐 있는 각각의 네 수

(2) 실선으로 표시된 원에 걸쳐 있는 네 수

(3) 점선으로 표시된 두 개의 타원에 걸쳐 있는 각각 네 개의 수

이들 모든 쌍의 네 수의 합이 34가 되어야 합니다.

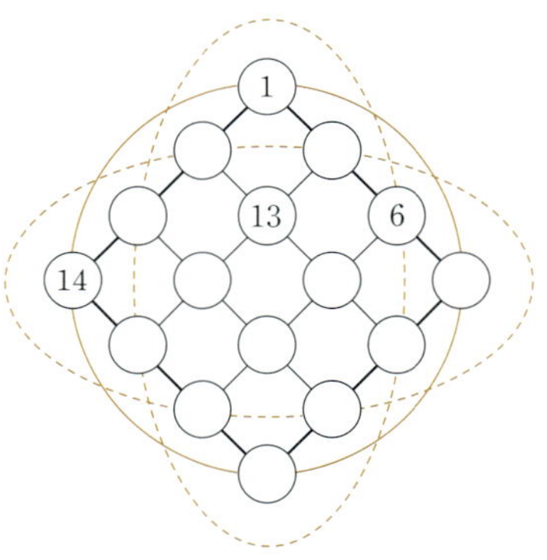

풀이

우선 모든 쌍의 네 수의 합이 34이고 4개의 행과 열로 만들어진 가운데 마름모는 4차 마방진입니다. 2, 3, 4, 5, 7, 8, 9, 10, 11, 12, 15, 16의 수 중에서 (2)에 의해 실선으로 표시된 원 위의 네 수의 합이 34가 되도록 먼저 두 수를 선택합니다. 그리고 (3)에 의해 세로 점선의 타원과 4차 마방진을 구성합니다. 그러면 오른쪽 그림과 같이 완성됩니다.

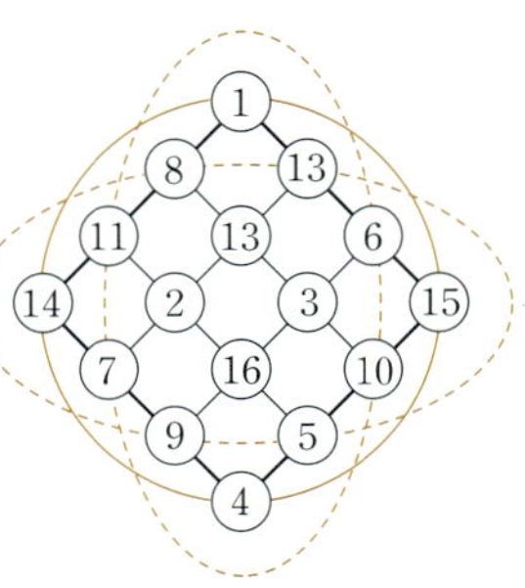

마법은 원리를 정할 수 없다!

인류의 역사와 함께 시작된 마방진은 자연철학자들과 수학자들의 관심을 한 몸에 받으며 연구되어왔습니다. 그러나 천재수학자 페르마를 포함한 수많은 수학자들의 연구에도 불구하고 17세기 중반에 이르기까지 마방진은 이론화되기가 어려웠고, 수학의 다른 분야와 연관성을 갖기가 힘들었습니다. 그래서 18세기에 이르러서는 마방진에 대한 흥미가 반감되었고, 현대에 와서도 명확한 이론이나 원리가 확립되지는 않았습니다.

단지 마방진이 가진 수의 규칙과 배열의 성과는 그 다양성에 있습니다. 그리고 이를 이용하여 수와 연산을 학습하기 위한 게임으로 많이 사용되고 있습니다.

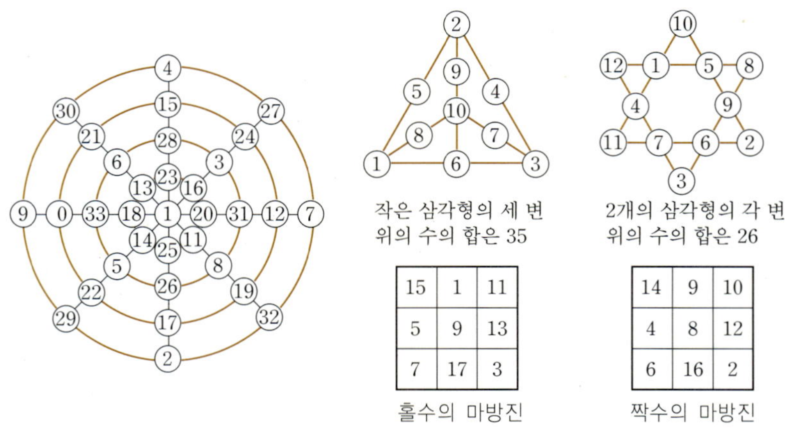

작은 삼각형의 세 변
위의 수의 합은 35

2개의 삼각형의 각 변
위의 수의 합은 26

15	1	11
5	9	13
7	17	3

홀수의 마방진

14	9	10
4	8	12
6	16	2

짝수의 마방진

여러 형태의 마방진

7 장

수학과 음의 조화

음계

음악은 비밀스런 산술의 훈련이며
음악에 탐닉한 사람은
자신이 수를 다루고 있다는
사실을 인식하지 못한다.

— 라이프니츠

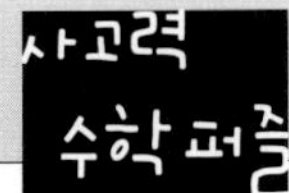

★★★★

수의 연주

말굽형 모양의 도형에 1에서 15까지의 숫자를 대입하여 인접한 두 숫자의 합이 완전제곱수가 되도록 배열하세요.

풀이

다음과 같은 배열이 가능합니다.

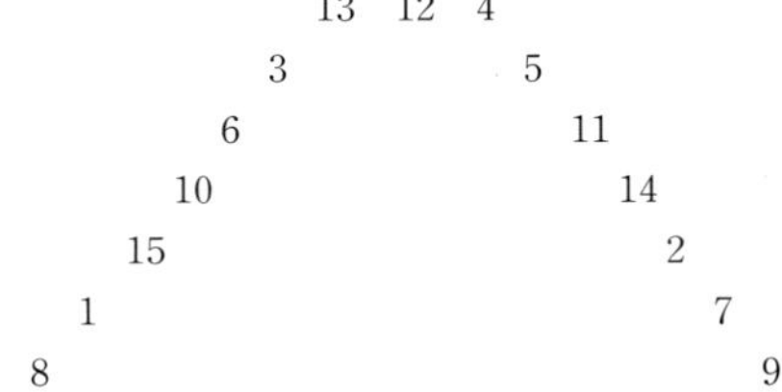

8과 9는 말굽의 제일 하단부에 위치하여야 하며, 이는 1에서 15까지의 숫자 중에 합이 제곱이 되는 수이기 때문입니다.

(8+8=16은 제곱이지만 숫자는 반복될 수 없습니다.)

수학의 조화를 이루는 음계!

모차르트

모차르트는 5살 때부터 작곡을 했다는 음악의 신동입니다. 그는 수학을 매우 좋아했습니다. 그래서 자신이 음악을 하지 않았다면 위대한 수학자가 되었을 것이라고 말했습니다. 실제로 많은 수학자들은 그의 음악에서 수학적인 조화를 느꼈다고 합니다.

자, 그렇다면 모차르트의 음악과 수학의 관계를 살펴봅시다.

모차르트의 일생을 다룬 영화 『아마데우스(Amadeus)』는 수학과 음악 사이의 불가분한 관계를 살피는데 있어 반드시 보아야 할 영화입니다. 이 영화 속에는 천재 모차르트와 그의 천재성 앞에 좌절하는 살리에리라는 두 인물이 표현되어 있습니다.

영화의 제목이자 모차르트의 중간이름인 아마데우스(Amadeus)는 '신이 가장 사랑하는(Beloved of God)' 이라는 뜻을 가지고 있는데, 이것은 극 중 살리에리가 모차르트를 신이 선택한 작곡가로 확신하는 것에서 따온 것입니다.

영화는 죄책감에 시달리다 정신병원에 수감된 전(前) 궁정 음악장 살리에리가 신부에게 죄를 고백하는 형식으로 진행됩니다.

음악에 대한 열의로 가득한 소년 살리에리는 아버지의 반대에 부딪혀 음악의 길을 걷지 못하고 있었습니다. 그러던 아버지가 갑자기 급사하고, 살리에리는 신이 음악으로 가는 길을 열어주기 위해 장벽을 제거해 주었다고 여기고 음악공부에 전념하게 됩니다. 그는 자신의 음악으로 신을 찬양하길 바라면서 각고의 노력 끝에 궁정 음악장이 되었습니다.

그러던 어느 날 이런 살리에리의 앞에 불세출의 천재 모차르트가 나타납니다. 모차르트의 음악은 살리에리가 그토록 다다르고 싶었던 신의 선율이었습니다. 그러나 모차르트의 행태는 그의 천재적 음악성과 반대로 오만방자하고 방탕하기 이를 데 없었습니다. 이런 한심한 인간이 천재적인 음악적 재능을 타고났다는 사실을 살리에르는 믿을 수 없어 합니다. 한편 따라갈 수 없는 모차르트의 천재성 앞에 좌절한 살리에리는 미칠듯한 질투심에 사로잡히게 됩니다.

살리에리는 모차르트를 증오하면서도 그의 음악의 가장 열렬한 팬으로서, 인간 모차르트를 저주하면서도 모차르트의 공연은 빼놓지 않고 들으며 그의 천재성에 감탄합니다. 즉, 살리에리는 모차르트만큼 뛰어난 곡을 만들지는 못했지만 일반인은 알지 못하는 모차르트의 천재성을 누구보다도 잘 알고 있었던 것이지요. 그러나 살리에르는 질투심 때문에 모차르트의 앞길에 온갖 훼방을 놓게 되고, 모차르트는 현실의 벽 앞에 좌절하며 방탕한 생활을 합니다. 마침내 쇠약해진 모차르트의 생명은 서서히 꺼져가지요.

이를 확실히 짓밟기 위해 찾아간 살리에리는 모차르트를 도와 레퀴엠을 받아 적으면서 자신도 모르게 모차르트의 음악에 도취됩니다. 마지막으로 모차르트는 수많은 명곡들을 남기고 공동묘지의 시체더미에 던져지는 비참한 최후를 맞습니다.

자, 이제 영화 『아마데우스』에서 찾을 수 있는 수학적 코드를 살펴봅시다.

영화 속에서 수다쟁이 장모와 밤의 여왕이 노래를 부르는 장면을 오버랩한 마술피리는 여러 형태로 모차르트의 수학적 재치를 드러냅니다. 가장 뚜렷한 상징은 숫자 '3' 입니다. 오페라 마술피리의 시작과 끝은 모두 $E^\flat$ 코드($E^\flat$ 장조에는 $\flat$ 이 3개 붙

『아마데우스』의 한 장면

어 있습니다.)로 장식되며, 전개부는 장엄한 세 개의 금관 악기의 $\flat$ 화음으로 시작됩니다. 주요 등장인물도 자라스트로 · 타미노 · 파파게노, 밤의 여왕 · 타미나 · 파파게나로서 남녀 각각 세 명씩이고, 주변인물들인 승려 · 여왕의 시녀 · 동자 · 노예들의 수도 마찬가지이며, 자라스트로가 지배하고 있는 태양의 신전으로 향하는 문 역시 세 개입니다. 또 초반부에 왕자를 쫓다가 시녀들에 의해 죽는 커다란 뱀마저도 세 토막으로 잘리며, 주인공들이 겪게 되는 시련도 물, 불, 침묵의 세 가지 시험입니다.

아다마르라는 사람은 모차르트의 이러한 수학적 감수성을 "수학자가 순간적으로 문제의 해답을 완전한 형태로 보는 느낌과 모차르트가 자신의 악상을 악보에 옮기기 전에 순간의 느낌을 비교할 수 있다"고 말했습니다.

수사상(數思想)의 본래의 뜻은 수학이 단순한 과학적인 도구라는 의미가 수학이 아니라 음악적인 미를 수반하고, 우주의 질서를 유지해 준다는 믿음입니다. 대시인 라이너 마리아 릴케는 음악을 가르켜 "우주의 언어다"라고 말을 했습니다. 이제 우리는 음악적 감성과 수학적 사고의 연관성을 어느 정도 이해할 수 있을 것입니다.

우주는 수학적인 사유로서 형성된다.

- 기이스

1 소리의 전달자 = 진동수(주파수)

우리는 어떻게 아름다운 음악 소리를 들을 수 있을까요?

17세기 이전의 사람들은 이야기를 나누는 소리, 교회에서 울리는 종소리, 악기나 노래로 들리는 음악 소리가 미세한 입자 덕분에 전달된다고 생각했습니다. 소리의 원천으로부터 눈에 보이지 않는 입자가 흘러나와 자신의 귀로 들어온다고 여겼던 것입니다.

하지만 그 이후 수많은 실험들을 통해서 '소리'가 미세한 기압의 변화로 인한 공기의 진동을 통해 전달되는 파장임을 알게 되었습니다. 또한 이 사실을 통해 현악기나 관악기, 타악기 등 온갖 악기들은 우리에게 진동을 통해 소리로 전달된다는 것도 알게 되었습니다.

즉, 소리의 진동수에 따라 악기들의 음높이가 결정되는데, 두 개 이상의 진동수가 동시에 생기면 진동수의 비례에 따라 화음이 일어나 음악이 들리게 되는 것이지요.

우리가 듣게 되는 음악 소리의 높낮이는 음파의 진동수 즉, 1초 동안에 진동하는 주파수(Hz)에 의해 좌우됩니다. 만약 1초 동안 2회 진동하면 2Hz, 1000회를 진동하면 1000Hz(1KHz)가 됩니다. 또한 소리가 높아질수록 진동수가 커지며 이는 대상에 따라 들을 수 있는 범위도 달라진다는 것을 뜻합니다. 예를 들어 사람들이 들을 수 있는 주파수는

소리를 듣고 반응하는 개

20Hz에서 20000Hz이며, 이 범위에 있지 않는 주파수는 들리지 않습니다. 반면, 집에서 키우는 강아지는 50Hz에서 46000Hz의 범위를 들을 수 있기 때문에 때때로 사람이 감지하지 못하는 소리를 듣고 반응하기도 합니다.

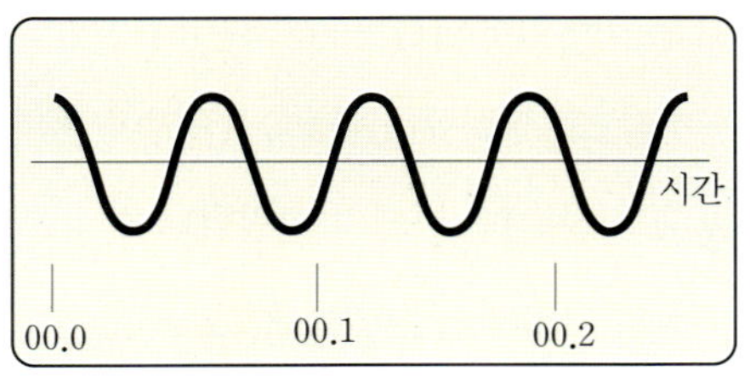

주파수 110.00Hz

따라서 들을 수 있는 주파수의 범위에서 소리의 크기가 같다면 우리의 귀는 3000Hz 안팎일 때 정확하게 들립니다.

그래서 피아노의 음역은 주로 27.5Hz~4186Hz 정도를 사용하고 있습니다.

또한 음악에서 쓰이는 음의 높이(음고)를 세계적으로 통일시키기 위하여 모든 악기는 표준 음고의 진동수에 맞추도록 되어 있습니다. 표준 음고는 1859년의 파리회의와 1885년에 빈회의에서 A음을 435Hz로 하도록 정해졌지만, 최근에는 연주의 효과를 더 좋게 하기 위하여 1834년 슈투트가르트 회의에서 나온 440Hz로 높여서 연주 음고로서 사용하는 경우가 많습니다. 우리나라를 비롯한 세계 각국은 대부분 이를 따르고 있습니다.

라디오 주파수 맞히기

FM라디오의 주파수 표지판은 보통 88MHz에서 108MHz까지 표기되어 있습니다. 아래 그림과 같이 88MHz를 나타내는 지점으로부터 $x$cm$(x \geqq 0)$ 떨어진 지점의 주파수를 yMHz라 하면, $y = ka^x$(단, k, a는 상수)인 관계가 성립합니다.

어느 FM라디오에서 $x = 2$cm인 지점의 주파수가 96MHz였다면, $x = 4$cm인 지점의 주파수는 대략 몇 MHz일까요?

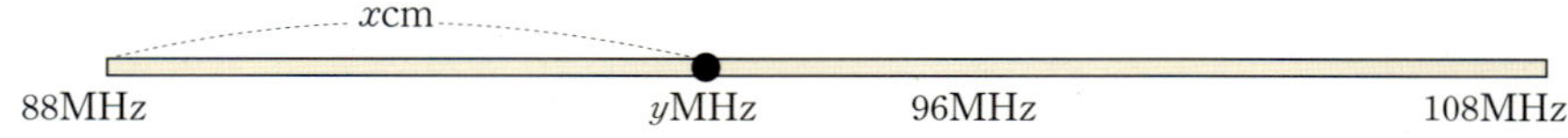

풀이

(i) $x = 0$일 때, $y = 88$이므로 $88 = ka^0 = k$ $\therefore y = 88a^x$

(ii) $x = 2$일 때, $y = 96$이므로 $96 = 88a^2$ $\therefore a^2 = \dfrac{96}{88}$

따라서 $x = 4$일 때, $y = 88a^4 = 88\left(\dfrac{96}{88}\right)^2 = \dfrac{96^2}{88} \fallingdotseq 104.727$가 됩니다.

소리의 강도는 얼마일까?

소리의 강도에 따라 소리의 크기를 분류하는 방법으로 데시벨(dB)이 있습니다. 0dB은 사람의 귀로 들을 수 있는 가장 작은 소리이며, 그 강도는 $10^{-8}\mathrm{W/cm^2}$이고 I_0으로 나타냅니다.

강도가 I인 소리의 크기 xdB을 $x=10\log_{10}\dfrac{I}{I_0}$로 정의한다면 100dB의 소리의 강도는 과연 얼마가 될까요?

풀이

$$x=10\log_{10}\frac{I}{I_0}$$

$$100=10\log_{10}\frac{I}{10^{-8}}$$

$$\log_{10}\frac{I}{10^{-8}}=\frac{100}{10}=10$$

$$\log_{10}I-\log_{10}10^{-8}=10$$

$$\therefore \log_{10}I=10+\log_{10}10^{-8}$$

$$=10-8$$

$$=2$$

$$I=10^2=100$$

$$\therefore I=100\mathrm{W/cm^2}$$

잠깐!

- $\log$**의 정의**

$$a^x=b \iff x=\log_a b$$

- $\log$**의 성질**

$$\log_a b+\log_a c=\log_a bc$$

$$\log_a b-\log_a c=\log_a \frac{b}{c}$$

$$\log_a b=\frac{\log_c b}{\log_c a} \quad \text{(밑변환 공식)}$$

2 정수가 낳은 음악 – 피타고라스 음계

예술과 수학은 매우 개별적인 것 같지만 사실은 특별한 관계를 지니고 있습니다. 그중에서도 음악의 소리는 수학을 통해 창조되었다고 해도 과언이 아닙니다.

우리는 연주회에 가면 악기의 연주가 만들어내는 화음을 듣게 됩니다. 이 화음은 규칙을 갖고 있습니다.

화음의 규칙들은 숫자를 통해서 발전했으며, 이는 음악이 일정한 비율을 지닌다는 것과 같습니다. 다시 말해서 음들 사이의 비례가 정수 비례가 될 때, 우리는 가장 편안하게 느껴지는 화음을 들을 수 있습니다. 그 예로, 우리나라에서도 세종대왕이 우리의 옛 음악을 정비할 때 '황종률' 이라는 기본음을 정하고, 그 음을 내는 '황종률관' 이라는 피리 길이를 비율로 계산해서 다른 음을 정했다는 이야기는 너무도 유명합니다.

이처럼 음악 소리의 실체가 수학적으로 해석되는 이유는 무엇일까요? 그 이유는 멜로디의 음들이 움직이는 계단적 구조가 같을 경우마다 같은 조의 멜로디로 인식하기 때문입니다. 바로 멜로디 음들은 수학적으로는 닮음이거나 합동인 관계인 것입니다.

역사상 유명한 수학자들 중에는 음악 및 음향학에 조예가 깊거나 수학 연구를 통해 음악을 찾고자 하는 학자들이 많았습니다. 이러한 수학자들 중에서 음악으로부터 수학적인 관계를 처음으로 밝혀낸 학자가 바로

피타고라스

"현들의 노래 속에는 기하학이 있다."

라고 말한 고대 그리스 시대의 수학자 피타고라스입니다.

어느 날 피타고라스가 대장간 앞을 지나고 있을 때 쇠를 치는 소리가 들려왔습니다. 그는 소리와 공기의 진동수와의 사이에 깊은 연관이 있음을 깨닫고 '음과 수' 의 관계를 연구하기 시작했습니다. 피타고라스는 하프를 직접 연주하며 가장 듣기 좋은 순간의 소리를 분석했지요. 그리고 하프 현의 길이나 현에 미치는 힘이 간단한 정수 비례 관계를 가진다는 사실을 깨닫게 되었습니다.

피타고라스는 이를 이용하여 자신의 수에 대한 성질을 뒷받침하는 대표적인 분야로 음악을 선택했습니다. 피타고라스학파 시대의 기본학문은 음악, 천문, 기하학, 정수론이었는데 당시 사람들은 음악을 수의 비율과 비례 등을 다루는 수학적 학문 분야로 여겼습니다.

특히 그리스 사람들은 수의 비율을 이성을 뜻하는 '로고스' 라는 이름으로 불렀습니다. 그 이유는 그들이 '로고스' 를 이성처럼 세상에서 가장 확고하고 아름다운 법을 상징하는 것으로 믿었기 때문이었습니다.

피타고라스는 하프 연주에서 '라' 음을 내는 줄과 똑같은 두께의 현들을 기준으로 하고, 그 길이가 1인 현이 '라' 음을 낸다고 가정했습니다. 그래서 다른 음들은 다음

과 같은 현의 길이에 비례하여 소리를 가진다는 것을 발견하였습니다.

'라' 현과 길이 비례	음
4 : 5	도
3 : 4	레
2 : 3	미
3 : 5	파
1 : 2	높은 라

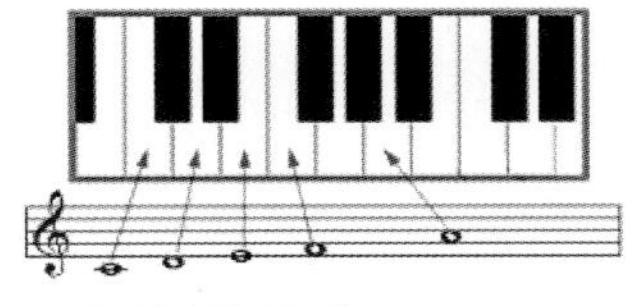
피타고라스의 5음계

　피타고라스는 수 1, 2, 3, 4와 5를 사용한 비례로 다섯 음을 나타낼 수 있음을 알고 매우 기뻐했습니다. 또한 현의 길이가 1:2이면 한 옥타브 차이의 음이 나오고, 2:3과 같이 정수비가 이뤄지면 완전 5도 같은 좋은 화음이 난다는 사실도 발견하였습니다. 그는 이 원리를 기초로 음계를 만들었으며, 이것이 오늘날의 피타고라스 음계입니다. 이 음계의 한 옥타브는 다섯 음으로 이루어진 단조 음계였습니다. 그 후 피타고라스학파는 5도 음정을 만드는 현의 길이의 비례를 계속 적용시켰고, 마침내 모든 음의 길이를 만들어 내는 조율법을 통해 기본 8음계를 완성하였습니다.

　피타고라스는 하프의 줄을 처음 퉁겼을 때의 소리와 하프 줄을 $\frac{2}{3}$로 줄이고 퉁겼을 때의 소리를 비교해 보고, 나중 음이 처음의 경우보다 5도 높은 소리 소리가 나며 이 2개의 음이 서로 조화를 잘 이룬다는 사실을 알아냈던 것입니다. 그가 알아낸 사실은 처음의 소리(음계)가 '도' 라고 한다면 길이를 $\frac{2}{3}$로 줄였을 때는 '도' 보다 5도 높은 '솔' 의 소리가 나오고, 그 '도' 와 '솔' 은 조화를 잘 이룬다는 것 즉, 조화음이었습니다. 또한 그는 처음 음이 '도' 라면 줄을 $\frac{1}{2}$로 줄였을 때는 '도' 보다 8도 높은, 즉 한 옥타브 위인 '도' 의 소리이며 처음의 '도' 와 잘 어울린다는 사실도 발견했습니다. 요컨대 하프줄의 비가 $1:\frac{2}{3}:\frac{1}{2}$ 이 된다면 음의 진동수 비는 이 수들의 역수, 즉 $1:\frac{3}{2}:2$ 가 된다는 것입니다. 이와 같은 사실을 건반에 나타내면 다음과 같습니다.

갈릴레오

메르센

이렇게 줄의 길이와 음의 높이가 반비례한다는 것은 피타고라스에 의해 사람들에게 알려졌습니다. 그래서 피타고라스 시대의 음악은 수의 비를 이용한 기법이 보편화될 수 있었습니다. 또한 주파수의 개념이나 음의 높이와 관련된 주파수의 비례 관계 등 이러한 개념은 16～17세기에 와서 갈릴레오와 메르센이 발견합니다.

갈릴레오는 두 음의 주파수가 정수 비례가 될 때 화음이 되는 규칙이 있다고 하였습니다. 그가 주장한 바는 다음과 같습니다. 주파수는 현의 길이에 반비례하고, 음의 높이는 현의 길이에 반비례하며 주파수에 비례한다는 것입니다. 한 옥타브는 간격이 1:2의 주파수 비례에 의해 표현됩니다.

이를 수학적으로 표현해서 두 음이 같은 음정 즉, 한 옥타브 간격이라는 것을 나타내 봅시다. 두 음의 주파수를 x와 y라 했을 때, 이들이 다음과 같은 동치(equivalent) 관계인 식이 나옵니다.

$$x \sim y \Leftrightarrow \log_2 x = 1 + \log_2 y$$

현재 우리가 보통 사용하는 주파수로 음계를 이해해 봅시다. 다장조 음계에서의 '도'에서 여섯 번째 음인 '라' 음은 주파수가 440Hz로 1초에 440번 진동합니다. 이에 한 옥타브 올라간 '라'는 880Hz이며, 다시 한 옥타브 올라간 '라'는 1760Hz입니다. 다시 말해 '라' 음은 한 옥타브 올라갈 때마다 주파수가 두 배씩 커지게 됩니다. 이를 수학적 동치관계로 식을 작성한다면, 다음과 같습니다.

$$\log_2 880 = 1 + \log_2 440$$

$$\log_2 1760 = 2 + \log_2 440$$

$$\log_2 1760 = 1 + \log_2 880$$

주파수 440Hz는 880Hz와 주파수 880Hz는 1760Hz와 동치 관계입니다. 그래서 이 세 주파수는 모두 서로 동치가 된다고 할 수 있습니다.

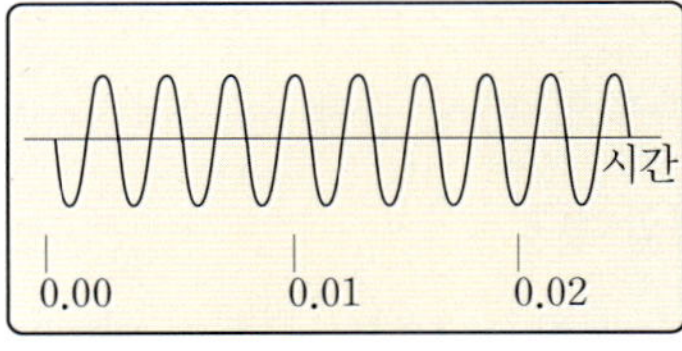
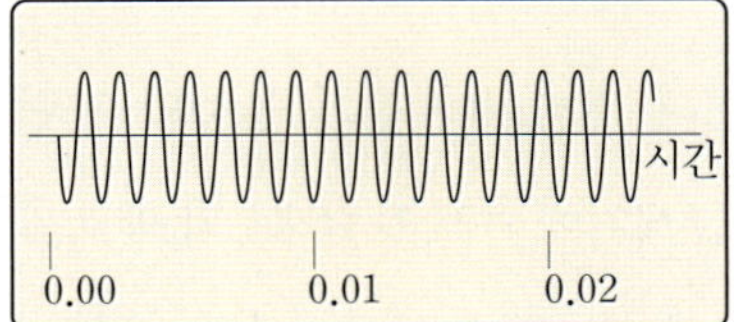

주파수 440Hz와 880Hz

유리컵과 등비수열

서양음악에서 1옥타브는 12반음으로 이루어져 있습니다. 그림과 같이 1L의 물이 담길 수 있는 똑같은 유리컵 13개가 있습니다. 이 유리컵 중 가장 오른쪽 유리컵에 0.5L의 물을 담고 두드리면 가장 왼쪽의 빈 유리컵을 두드릴 때보다 12반음 높은 소리가 납니다.

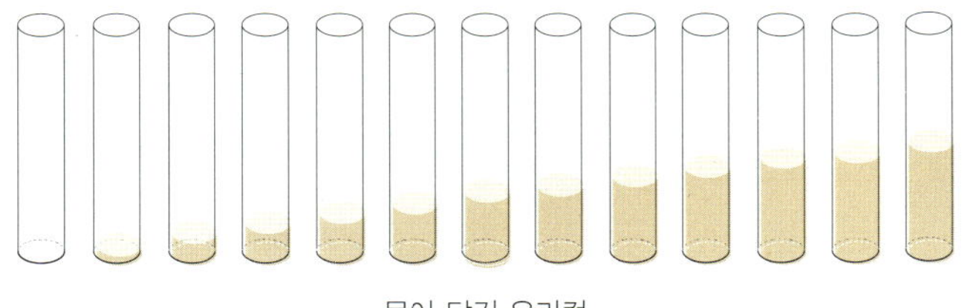

물이 담긴 유리컵

이 13개의 유리컵에서 물이 채워지지 않은 빈 공간의 부피가 등비수열을 이루도록 해봅시다. 가장 오른쪽에 있는 유리컵과 가장 왼쪽에 있는 유리컵을 제외한 나머지 11개의 유리컵에 물을 담으면 13개의 유리컵으로 1옥타브의 12반음을 모두 표현할 수 있습니다. 이때, 이 13개의 유리컵에 들어있는 물의 양의 합은 얼마일까요? $\left(\text{단}, 2^{-\frac{1}{12}}=0.94, 2^{-\frac{13}{12}}=0.47\text{로 근사하여 계산합니다.}\right)$

풀이

먼저, 가장 왼쪽의 물이 전혀 들어있지 않은 유리컵의 빈 공간의 양은 1L입니다. 그리고 13번째 유리컵까지 일정하게 등비수열로 줄어드는 빈 공간의 양을 r이라고 한다면

$$r^{12}=\frac{1}{2}(\text{L})$$

가 성립합니다.

그러면 $r^{12}=\dfrac{1}{2}$ ➡ $r=2^{-\frac{1}{12}}$ 이므로 13개 유리컵의 빈 공간 양의 합은

$$S_{13}=\frac{1\cdot(1-r^{13})}{1-r}=\frac{(1-2^{-\frac{13}{12}})}{1-2^{-\frac{1}{12}}}=\frac{(1-0.47)}{1-0.94}=\frac{0.53}{0.06}=\frac{53}{6}$$

입니다.

따라서 13개 유리컵의 담겨있는 물의 양은

$$13-\frac{53}{6}=\frac{25}{6}\ (\mathrm{L})\text{가 됩니다.}$$

잠깐!

등비수열의 합

첫째 항이 a이고 공비가 r인 등비수열의 n항까지의 합

$$S_n=\frac{a(1-r^n)}{1-r}=\frac{a(r^n-1)}{r-1}$$

3 유리수의 음악
– 순정율

8도 음계의 주요 삼화음은 도:미:솔, 파:라:도, 솔:시:레 입니다. 이 삼화음의 주파수 비례가 4:5:6이 되도록 조율하는 것을 순정율이라고 합니다.

순정율 조율법의 특징은 기본음으로부터 일정한 정수비에 의해 모든 음의 주파수를 결정하는 것입니다. 그래서 사람들은 순정율을 들을 때 아주 편안하고 자연스럽게 음악을 느낄 수 있습니다.

예전에 연주되는 곡들은 악기가 없이 합창하는 아카펠라곡이거나 현악기 위주의 곡이 대부분이었습니다. 그러나 점점 바이올린의 전신이 되는 비올(Viol) 및 여러 가지 다양한 악기들이 도입되면서 기악 합주와 화성(Chord)에 대한 음악 기법이 발전하게 됩니다. 더불어 서양에서는 순정율이 많이 쓰이기 시작하였습니다.

순정율의 시초가 되는 피타고라스 음계의 경우, 완전 5도 음정 안에서는 멋진 화음을 들려주지만 장 3도나 장 6도 등의 나머지 음정에 대해서는 완전한 정수비의 음정이 나오지 않았기 때문에 기본 3화음에서조차 불협화음을 가지게 됩니다. 그래서 15, 16세기에 들어서면서 12개음에 대한 완전한 정수비가 완성된 새로운 순정율을 요구하게 되었고, 12개의 새로운 순정율을 만들게 되었습니다. 새로운 순정율은 7계의 음정에 대한 주파수의 비율만으로 이뤄졌습니다. 자, 이제 순정율과 현의 길이 그림을 살펴봅시다.

도	레	미	파	솔	라	시	도
1	$\dfrac{9}{8}$	$\dfrac{5}{4}$	$\dfrac{4}{3}$	$\dfrac{3}{2}$	$\dfrac{5}{3}$	$\dfrac{15}{8}$	2

순정율과 현의 길이

위 표를 보면 순정율은

$$도 : 레 = \frac{도}{레} = \frac{1}{\dfrac{9}{8}} = \frac{8}{9} = 8 : 9, \quad 라 : 시 = \frac{라}{시} = \frac{\dfrac{5}{3}}{\dfrac{15}{8}} = \frac{8}{9} = 8 : 9$$

의 주파수 비례를 가지고 있으며 현의 길이는 주파수에 반비례합니다. 그래서 현의 길이와 주파수의 비례는 9:8이 됩니다. 즉, 화음을 구성하는데 가장 완벽한 화성을 들려주게 되는 것은 순정율인 것입니다. 이것은 음악이 소리와 화음을 통해 수학과 만난 결과입니다.

그러나 이 방법은 유리수의 비례를 적용하였기 때문에 문제가 있습니다. 예를 들어 '도'를 1로 잡으면 높은 '라'는 $\dfrac{5}{3}$이 되고, 다시 피타고라스 음계에 의해 $\dfrac{2}{3}$을 곱하면 아래 '레'가 되고 여기에 $\dfrac{4}{3}$을 곱하면 '솔'이 되며, 마지막으로 $\dfrac{2}{3}$을 곱하면 처음 '도'가 됩니다. 이 과정을 수식으로 표현하면 다음과 같습니다.

$$\frac{5}{3} \times \frac{2}{3} \times \frac{4}{3} \times \frac{2}{3} = \frac{80}{81}$$

이렇듯 처음의 도가 1이 나오는 것이 아니라 $\dfrac{80}{81}$이 나와 $\dfrac{1}{81}$의 오차가 생겨서 첫 번째 주파수로 돌아올 수 없게 됩니다.

서양 음악에서는 피타고라스 조율 방식으로 2000여년 동안 음을 조율해 왔습니다. 그러나 17∼18세기에 들어서 온음과 반음 사이의 간격이 일정한 지금의 피아노와 유사한 하프시코드가 사용되기 시작하였습니다. 또한 관악기가 나타나기 시작하면서 순정율의 문제가 드러나게 됩니다. 그 이유는 조옮김을 할 때마다 변하는 순정율의 주파수를 건반악기로서는 나타낼 수가 없었기 때문입니다.

예를 들어, 같은 노래를 다장조인 '도' 에서 시작해서 부르는 것과 라장조인 '레' 에서 부르는 것은 완전히 다른 주파수를 가진 음들을 필요로 합니다. 이때, 기본 베이스음이 '레' 인 경우에는 기본 베이스음이 '도' 인 조율에 비해 '도' 와 '레', 그리고 '미' 와 '파' 사이의 온음의 주파수 비율이 서로 바뀌게 됩니다. 다시 말해 기본 베이스음에서부터 일정비율로 주파수를 결정하는 순정율에서는 기본음이 변하면 전체 음들의 주파수를 같이 바꿔 주어야 합니다. 그러나 오르간과 피아노 같은 건반악기들은 같은 음에 대해 같은 주파수만을 사용할 수 있는 치명적인 단점을 가지고 있었기 때문에 순정율을 사용하는 것이 불가능했습니다.

그밖에도 순정율은 기본 베이스음에 따라 가변적인 주파수 체계를 가지고 있다는 문제가 있었습니다. 그래서 같은 곡 안에서도 조옮김이 있을 때마다 주파수를 다시 잡아야 했습니다. 그것은 매우 불편한 일이었지요.

음계 만들기

수의 논리는 우리들 모든 영역을 지배하고 있다. 우리들이 흔히 듣고 있는 음악도 실은 수의 논리에 지배를 받고 있다. 음악은 시간과 음 공간의 수리적 분할에 따라 이루어져있기 때문이다. 우선, 시간의 수리적 분할이라는 것에 대해 말하자면 다음과 같다. 음악을 만들 때 일정한 시간 단위를 둘로 나누면 두 박자가 얻어지고, 셋으로 나누면 3박자가 얻어진다는 것이다.

한편 음 공간의 수리적 분할에서는 음계를 얻을 수 있다. 대부분의 음악은 도·레·미·파·솔·라·시·도라는 음계로 이루어진다. 여기에 소개하는 음계의 첫 번째 도를 「기준이 되는 도」라고 부르자. 「기준이 되는 도」와 높은 도와의 관계는 옥타브의 관계라고 부른다. 음은 현을 타거나 마찰하여 얻을 수 있지만, 옥타브 관계는 현의 길이를 둘로 나눔으로써 얻을 수 있다. 즉, 길이가 1인 현과 길이가 $\frac{1}{2}$인 현이 각각 내는 음의 관계가 옥타브이다. 음은 원래 공기의 진동이지만, 현의 길이가 $\frac{1}{2}$이 되면, 단위 시간에 따른 공기의 진동수는 2배가 된다. 진동수는 현의 길이의 역수에 비례한다.

그러면 「기준이 되는 도」와 높은 도와의 사이에 있는 레·미·파·솔·라·시의 음은 어떻게 해서 얻을 수 있는 것일까? 우선 솔음은 기준이 되는 낮은 도의 음의 현을 셋으로 나누어 만들 수 있다. 현의 길이 $\frac{1}{3}$에서 얻을 수 있는 음은 「기준이 되는 도」에 대해 진동수비(比) 3배의 음이다. 즉 진동수비 2배인 옥타브 상의 도음보다 더 높은 음이다. 이것은 얻으려고 하는 음계 가운데 솔의 옥타브 상의 솔에 해당하므로, 이 높은 솔을 옥타브로 내림에 따라, 「기준이 되는 도」와 높은 도 사이의 솔음을 얻을 수 있다. 결국 이 음계 가운데의 솔음은 「기준이 되는 도」의 현의 $\frac{1}{3}$ 길이로부터 얻어진 음의 한 옥타브 내린 음이다. 즉, $\frac{1}{3}$ 길이의 현을 (A)배로 한 현의 길이, 즉

「기준이 되는 도」의 현의 길이의 (B)로부터 음계 가운데의 솔음을 얻을 수 있다. 진동수는 현의 길이의 역수에 비례하므로 「기준이 되는 도」에 대한 솔음의 진동수비는 (C)이다. 도와 솔의 관계는 도라고 부를 수 있다. 솔은 음계 중에서 도에서부터 세어서 5번째 음에 해당되기 때문이다.

레음도 도와 솔의 관계에서 이루어진 것과 같은 절차를 반복하여 얻을 수 있다. 음계 상의 솔의 5도는 옥타브 상의 레이다. 5도 관계의 진동수비는 도와 솔의 관계에서 이미 얻은 (C)이므로, 솔의 진동수비에 이 수를 곱한 뒤, 옥타브 내리기 위해 이 것을 $\frac{1}{2}$로 하여, 레의 진동수를 얻을 수 있다. 레의 진동수는 「기준이 되는 도」를 1로 하면 (D)가 된다. 같은 방법으로 계산하면 음계상의 라의 진동수는 「기준이 되는 도」에 대해 (E), 미의 진동수는 「기준이 되는 도」에 대해 (F)가 된다.

도와 미의 관계는 3도라고 부르는데, 3도는 위와 같이 5도를 더하여 만드는 방법과는 별도로, 현을 $\frac{1}{5}$로 나누어서 만드는 방법으로도 얻을 수 있다. 후자의 방법에 의하면, 「기준이 되는 도」의 현의 $\frac{1}{5}$인 현은 얻고자 하는 음계상의 미의 2옥타브 위의 음을 내므로 미의 진동수는 도의 (G)이다. 진동수비 (G)에 의해 얻어진 3도는 자연스러운 3도라고 부르며, 진동수비 (F)에 의해 얻어진 3도는 피타고라스의 3도라고 부른다. 화음을 형성할 때, 자연스러운 3도는 피타고라스의 3도보다도 아름답게 울린다. 자연스러운 3도에 대한 피타고라스의 3도의 진동수비는 (H)이며, 수의 차이로 치면 아주 작은 것이지만 이 미소한 음향의 차이가 고대 그리스 이래 현재에 이르기까지 음악 이론 학자를 계속 괴롭혀오고 있다.

지문 속의 (A)~(H)에 해당하는 가장 적절한 수를 아래의 표 안에 채우고, 밑줄 친 "고대 그리스 이래 현재에 이르기까지 음악 이론 학자를 계속 괴롭혀오고 있다"고 하는 부분의 이유에 대해 생각되는 것을 서술하세요.

A : 1옥타브 올라가면 현의 길이가 $\frac{1}{2}$, 진동수는 2배, 진동수비는 그 역수인 2

B : 솔은 도의 현의 길이의 $\frac{1}{3}$, 옥타브 아래의 음이므로 현의 길이는 그 두 배인 $\frac{2}{3}$, 진동수비는 그 역수이므로 $\frac{3}{2}$

C : 5도 관계의 진동수비는 5도 오르면 $\frac{3}{2}$ 솔보다도 5도 오르면 1옥타브 위인데, 그 진동수는 (솔의 진동수)×(5도 관계의 진동수비)$=\frac{3}{2}\times\frac{3}{2}=\frac{9}{4}$

D : 그 $\frac{1}{2}$이 그것보다 1옥타브 아래의 레의 진동수, 즉 $\frac{9}{4}\times\frac{1}{2}=\frac{9}{8}$

E : 라의 진동수는 레보다는 5도 올라가므로 $\frac{9}{8}\times\frac{3}{2}=\frac{27}{16}$

F : 미의 진동수는

(라의 진동수)×(5도 관계의 진동수비)$\times\frac{1}{2}=\frac{27}{16}\times\frac{3}{2}\times\frac{1}{2}=\frac{81}{64}$

G : 현의 길이 $\frac{1}{5}$의 현은 2옥타브 위의 미의 음을 내게 하면 그 진동수비는 5

H : 2옥타브 아래의 미의 진동수는 $\frac{5}{1}\times\frac{1}{2}\times\frac{1}{2}=\frac{5}{4}$고, 이것이 '자연스러운 3도' 입니다. 따라서 '자연스러운 3도' : '피타고라스의 도' $=\frac{5}{4}:\frac{81}{64}=\frac{80}{81}$

피타고라스 음계에서는 진동수비는 무리수이므로 아름답게 조화되지 않지만 어떤 음을 기준음으로 정해도 동일하게 울리기 때문에 전조(轉調)가 됩니다. 한편, 미의 진동수를 $\frac{5}{4}$로 하고 라, 시를 조정하는 자연스러운 3도에서 조정한다고 합시다. 그러면 진동수는 정수비 x가 되고, 아름다운 화음이 되지만 전음(全音)의 관계는 $\frac{9}{8}$와 $\frac{10}{9}$ 두 가지가 되고, 전조는 없습니다. 예를 들어, 자연스러운 3도는 진동수가 단순한 정수비가 되어 화음을 이루지만, 피타고라스의 3도는 단순한 정수비가 되지 않고 불협화음이 됩니다. 그래서 현재까지도 음악 이론가들은 5도의 계열에서 화음을 이루는 피타고라스 음률을 어떻게 보정할까 하는 것에 대해 골머리를 앓고 있습니다.

4 조화수열의 발견 : 장음계

피타고라스 음계 단위를 찾는 절차는 다음과 같습니다.

임의의 크기, 예컨대 1cm를 기본 단위길이라고 합시다. 그렇다면 모든 길이는 이 것의 정수배로 나타낼 수 있어야 합니다. 그러나 실제로는 그렇지 않습니다. 예를 들어 $1.5\text{cm}\left(=\dfrac{3}{2}\text{cm}\right)$가 있을 수 있기 때문입니다.

(1) 단위길이 —————— (1배)

———————— $\left(\dfrac{3}{2}\text{배}\right)$

(2) 단위길이 ———— (1배)

————— (2배)

—————— $\left(\dfrac{7}{2}\text{배}\right)$

(3) 단위길이 —— (1배)

———— (2배)

————— (4배)

—————— (6배)

——————— (7배)

———————— $\left(\dfrac{15}{2}\text{배}\right)$

이러한 과정을 무한히 되풀이하면 모든 크기에 대해서 모든 길이가 정수배가 되는 단위크기에 도달할 수도 있습니다. 이 단위 크기를 1이라고 한다면 모든 길이는 그것의 정수배 즉, 자연수로 나타낼 수 있을 것입니다. 바로 피타고라스가 만물은 수라고 했을 때의 의미입니다.

피타고라스는 하프의 현을 $\frac{1}{2}$로 줄였을 때 한 옥타브 높은 음이 나오고, $\frac{2}{3}$로 줄였을 때 한 옥타브와 4도 낮은 음이 나온다는 것을 발견했습니다. 이것은 음은 줄을 튕겼을 때 생기는 공기 진동수에 의해서 결정되며, 줄이 짧아지면 그만큼 진동수는 많아지고 높은 음이 나오는 원리를 말합니다. 예컨대 현의 길이가 1, $\frac{2}{3}$, $\frac{1}{2}$로 짧아지면 음의 진동수는 그것의 역수 즉 1, $\frac{3}{2}$, 2로 늘어납니다.

피타고라스가 발견한 이 관점을 수학에서는 '조화수열' 이라고 합니다. 어떤 수열의 역수가 '등차수열' 을 이루면 그것은 조화수열이 됩니다. 이것의 전형적인 예가 음계 높이와 현의 길이 사이의 관계이며, 여기서 정상파라는 듣기 좋은 음이 나오는 것입니다.

등차수열
- 첫째항부터 일정한 수의 공차를 차례로 더하여 그 다음 항이 얻어지는 수열
- 첫째항이 a이고 공차가 d인 등차수열의 일반항은 $a_n = a + (n-1)d$

$1, \frac{2}{3}, \frac{1}{2}, \frac{2}{5}, \cdots$ 이 수열의 역수를 취하면 $1, \frac{3}{2}, 2, \frac{5}{2}, \cdots$

이것은 첫째항이 1이고, 공차가 $\frac{1}{2}$인 등차수열입니다. 일반항은 $\frac{n+1}{2}$이므로 피타고라스의 수열은 그 역수인 $\left\{\frac{2}{n+1}\right\}$ 수열입니다. 이렇게 해서 피타고라스의 음계를 구성하면 다음과 같습니다.

먼저, 도1에서 시작합시다.

솔 : 도1의 진동수를 $\frac{3}{2}$배하면 도1에서 4도 높은 음을 얻습니다.

$$진동수 = 1 \times \frac{3}{2} = \frac{3}{2}$$

레 : 솔의 진동수 $\frac{3}{2}$에 $\frac{3}{2} \times \frac{1}{2}$배하면 솔보다 3도 낮은 음을 얻습니다.

$$진동수 = \frac{3}{2} \times \left(\frac{3}{2} \times \frac{1}{2} \right) = \frac{9}{8}$$

라 : 레의 진동수를 $\frac{9}{8}$에 $\frac{3}{2}$배하면 레보다 4도 높은 음을 얻습니다.

$$진동수 = \frac{9}{8} \times \frac{3}{2} = \frac{27}{16}$$

미 : 라의 진동수를 $\frac{27}{16}$에 $\frac{3}{2} \times \frac{1}{2}$배하면 라보다 3도 낮은 음을 얻습니다.

$$진동수 = \frac{27}{16} \times \left(\frac{3}{2} \times \frac{1}{2} \right) = \frac{81}{64}$$

시 : 미의 진동수 $\frac{81}{64}$에 $\frac{3}{2}$배하면 미보다 4도 높은 음을 얻습니다.

$$진동수 = \frac{81}{64} \times \frac{3}{2} = \frac{243}{128}$$

파 : 도2의 진동수를 $\frac{243}{128}$에 $\frac{3}{2} \times \frac{1}{2}$배하면 시보다 3도 낮은 음을 얻습니다.

$$진동수 = \frac{243}{128} \times \left(\frac{3}{2} \times \frac{1}{2} \right) = \frac{729}{512}$$

도2 : 도1의 진동수를 2배로 해서 7도 높은 음을 얻습니다. (진동수 $= 1 \times 2 = 2$)

파의 진동수 $\frac{729}{512}$에 $\frac{3}{2}$배하면 파보다 4도 높은 음을 얻습니다.

$$진동수 = \frac{729}{512} \times \frac{3}{2} = \frac{2187}{1024}$$

그럼, 더 분해할 수 없는 기본 진동수와 기본 길이가 있을까요? 피타고라스의 추론을 좀 더 진행시켜서 위에서 구한 진동수를 현의 길이로 환산해 봅시다.

$$도1\left(\frac{1}{1} \right), \ 솔\left(\frac{3}{2} \right), \ 레\left(\frac{9}{8} \right), \ 라\left(\frac{27}{16} \right), \ 미\left(\frac{81}{64} \right), \ 시\left(\frac{243}{128} \right), \ 파\left(\frac{729}{512} \right), \ 도2\left(\frac{2}{1} \right)$$

현의 길이는 진동수의 역이므로 진동수의 역수값을 구하고, 그 분모의 최소공배수를 구한다면 길이의 최소단위를 구할 수 있게 됩니다.

기하학의 음악 : 리라

아폴로

고대 그리스 신화에 나오는 신들 중에서 음악을 가장 사랑하는 신은 예언과 의술의 신인 아폴론이었습니다. 아폴론은 전령의 신인 헤르메스가 가진 '리라'라는 악기와 자신의 소를 맞바꾸고, 리라를 즐겨 연주했다고 합니다.

'리라'라는 것은 고대 그리스의 발현 악기로서, 하프의 일종으로 악기를 무릎 위에 세우고 손가락으로 누르거나 손톱으로 튕겨서 연주하는 것입니다. 이것의 원형은 메소포타미아에서 비롯되었으며 이집트 · 아시리아 · 그리스에 퍼졌습니다. 특히 그리스에서는 이를 '신들의 악기'라고 하여 매우 신성시 하였습니다. 이 악기는 현의 수에 따라 토레콜드(3현), 테트라콜드(4현), 펜타콜드(5현) 등으로 불리며 경우에 따라서는 7현에서 10현 이상 되는 것도 있었습니다.

고대 그리스 시대에 나온 피타고라스의 음계론은 이 악기에 의해서 성립되었던 것입니다. '리라'의 음계는 똑같은 것과 반대되는 것들의 상호작용으로부터 나타나는 일명 '아폴론의 음계'입니다. 이 협화음은 컴퍼스를 돌리는 조화로운 기하학을 통해 발견할 수 있고, 인간의 마음을 최상의 평온함으로 이끌기 때문에 치료적인 음악으로서 사용되었습니다. 즉, 가장 높은 음을 내는 가장 짧은 현부터 연주되는 리라는 가장 높은 음을 E로 두어 점점 E−D−C−B−A−G−F순으로 낮음을 둡니다. 그리고 다시 낮은 E를 추가하여 하나의 '옥타브'를 완성시켰습니다.

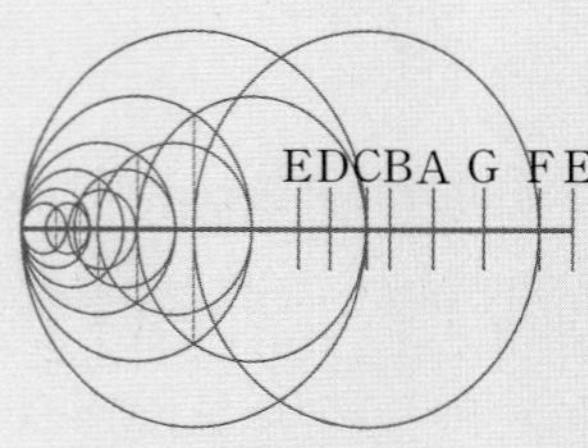

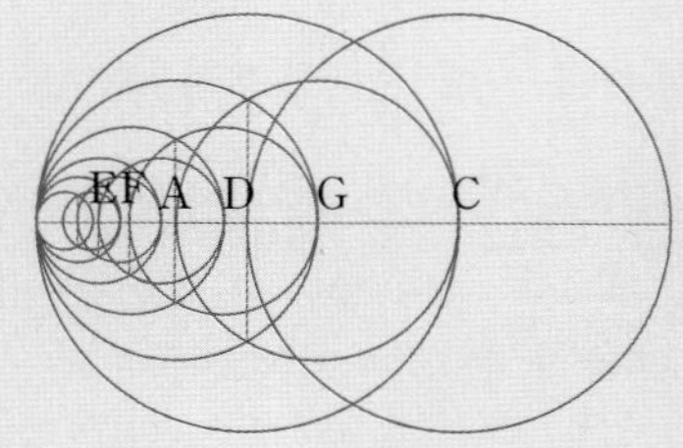

기하학과 옥타브

피타고라스의 음계는 위의 원들에서 볼 수 있듯이 일곱 음들을 3옥타브에 걸쳐 있도록 한 것입니다. 작은 원과 다음으로 큰 원들은 지름이 $\frac{1}{3}$씩 차이가 나기 때문에 음계를 한 단계 내려가면 현의 길이는 먼저의 $\frac{4}{3}$가 됩니다. 이 원리로 모든 음계를 표현하기 위해서는 작도를 여러 번 반복하면 현들의 길이에 따라 배열이 나타나게 됩니다.

5 무리수의 음악 — 평균율

오르간 주자였던 바흐는 순정율의 단점을 보완하기 위해 그 이전부터 나온 평균율을 가지고 『클라비어곡집』 제1권을 작곡했습니다. 그는 최초로 평균율을 바탕으로 작곡한 음악가이고, 모든 조로 음악을 만들 수 있다는 것을 우리에게 알려준 사람입니다. 바흐의 곡들을 보면 한 마디에서도 여러 번 조옮김이 나오는데, 이런 조옮김을 통하여 그는 평균율의 대중화에 결정적인 역할을 할 수 있었습니다.

바흐

순정율에 의하여 튜닝을 하였을 때, 피아노가 다른 현악기나 관악기와 함께 연주하는 것이 불가능하다는 것을 고민하던 바흐는 천재적인 수학자 오일러의 생각과 무리수를 이용하여 이를 해결하였습니다. 바로 바흐가 사용한 것이 평균율입니다. 평균율이란 한 옥타브를 12개의 반음으로 나누어 각 음의 간격을 균등 분할하는 피아노 건반상의 음체계입니다. 음은 12개의 반음을 올리면 한 옥타브가 되어 주파수가 두 배가 됩니다. 그래서 한 음에서 반음 올라가면 올라간 음의 주파수는 본래 음의 주파수의 $\sqrt[12]{2}\ (=2^{\frac{1}{12}})$배가 됩니다. 이를 표로 나타내면 다음과 같습니다.

도	레	미	파	솔	라	시	도
1	$2^{\frac{1}{6}}$	$2^{\frac{1}{3}}$	$2^{\frac{5}{12}}$	$2^{\frac{7}{12}}$	$2^{\frac{3}{4}}$	$2^{\frac{11}{12}}$	2

이는 $\sqrt[12]{2}$ 라는 분모와 분자가 정수인 분수 즉, 유리수로 나타낼 수 없는 무리수를 이 비율에 적용한 것입니다. 이로써 조율의 최소 단위를 결정할 수 있게 된 것이지요. 이 효과적인 조율법에 따르면 앞의 순정율에서 도와 레의 비율이 $\frac{9}{8}=1.125$였던 것에 비해 $2^{\frac{1}{6}}=1.1225$되어 평균율에 의한 오차 비율이 순정율보다 정확합니다.

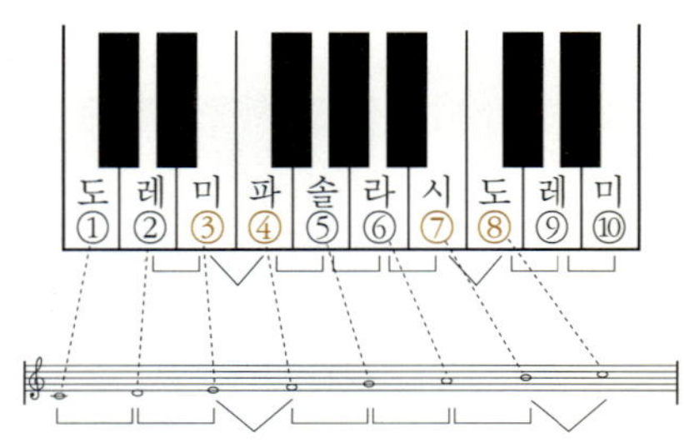

평균율에 의한 음계와 반음

이러한 평균율의 음은 '도, 도#, 레, 레#, 미, 파, 파#, 솔, 솔#, 라, 라#, 시' 로 구성되어 있습니다. 즉, '도와 레' 의 경우와 같을 때에는 온음을 나타내며 '미와 파', 또는 '도와 도#' 과 같을 때는 반음을 말합니다. 그리고 이들의 수학적인 주파수를 보면 다장조 음계 '도(①)' 에서 여섯 번째 음인 '라(⑥)' 음까지 주파수가 440Hz이고, 높은 '도(⑧)' 는 기준이 되는 '라(⑥)' 음과 세 개의 반음의 차이가 납니다. 그래서 주파수는 $440 \times 3 \times \sqrt[12]{2}$ 으로 약 523Hz이 되는 등비수열을 이룬다는 것을 알 수 있습니다.

등비수열
- 첫째항부터 일정한 수인 공비를 곱하여 그 다음 항이 얻어지는 수열
- 첫째항이 a이고 공비가 r인 등비수열의 일반항은 $a_n = ar^{n-1}$

순정율에서의 음계는 화성 구조를 완벽하게 가질 수 없었습니다. 그러나 평균율은 조옮김을 통해 조율이 고정된 악기들과의 합주를 가능하게 만들었습니다. 그래서 더욱 더 조화로운 화음을 만들어 낸 것이죠. 그러나 무리수를 이용한 평균율도 $C^{\#}$과

$D^{\flat}$의 음이 달랐습니다. 어쩔 수 없이 평균율도 건반악기를 위하여 같은 음으로 정의를 내릴 수밖에 없었습니다.

현대에는 평균율의 단점을 보안해주기 위해 건반형 신서사이저들이 나와 음의 상대적인 높이 변화를 변경할 수 있게 도와주고 있습니다. 또한 무리수의 등장 이후 조금 더 완전한 음계의 사용을 위해 나온 단위가 엘리스의 센트(Cents) 단위입니다.

이는 1875년에 엘리스가 로그함수를 이용하여 싸이클릭 센트(Cyclic Cents)라는 단위를 고안한 것입니다. 음정의 단위를 주파수의 정수비에서 일정한 간격의 대수적인 수로 바꾼 것이지요. 즉, 음정의 최대 단위인 옥타브를 밑이 10이고 진수를 2로 갖는 log값인 log2＝0.3010로 합니다. 이를 1200센트로 놓고 온음은 200센트, 반음은 100센트로 한 로그함수를 이용한 척도입니다.

순정율의 경우에는 ‘도’ 와 ‘레’ 의 거리 $\left(\dfrac{8}{9}\right)$, ‘레’ 와 ‘미’ 의 거리 $\left(\dfrac{9}{10}\right)$의 두 음정을 대수적으로 더합니다. 이렇게 되면 두 음정의 비례를 곱하는 $\left(\dfrac{8}{9}\times\dfrac{9}{10}=\dfrac{4}{5}\right)$ ‘도’ 와 ‘미’ 사이의 거리인 장3도의 음정을 찾을 수 있습니다. 이것이 등비수열의 증감을 통한 평균율에서 변화되어 사용되는 것입니다. 예를 들어 $a\times b=c$의 형식을 로그함수의 성질 $\log(a\times b)=\log a+\log b$를 사용하여 $A＋B＝C$의 형식으로 바꾼 것이 사용된 예입니다. 즉, 모든 음정 비례를 log로 바꾸면, 이들 단위를 곱하고 나누는 것 대신 더하고 뺄 수 있게 되는 장점이 있습니다. 이에 평균율은 반음을 100센트, 온음을 200센트로 했기 때문에 현악기와 건반악기 또는 관악기와의 협주 시에 조옮김이 발생하더라도 아무런 문제가 발생하지 않게 됩니다.

이 방법을 통해 주파수 x를 센트로 바꾸려면

$$1200\log_2 x=1200\frac{\log x}{\log 2}$$

를 구하면 되고, 센트를 주파수로 바꾸려면 $2^{\frac{x}{1200}}$을 구하면 됩니다.

청각과 수학

다음의 제시문을 읽고 논제에 답하세요.

(가) 인간은 외이, 중이, 내이로 구분되는 귀를 통해 소리를 듣는다. 외이를 통과한 소리(음파)가 고막을 진동시키면, 이 진동은 청소골(또는 이소골)에 의해 증폭되어 내이에 속하는 달팽이관(또는 와우관)으로 전달된다. 달팽이관은 림프액이라는 액체로 가득 차 있기 때문에 전달된 진동은 액체의 파동

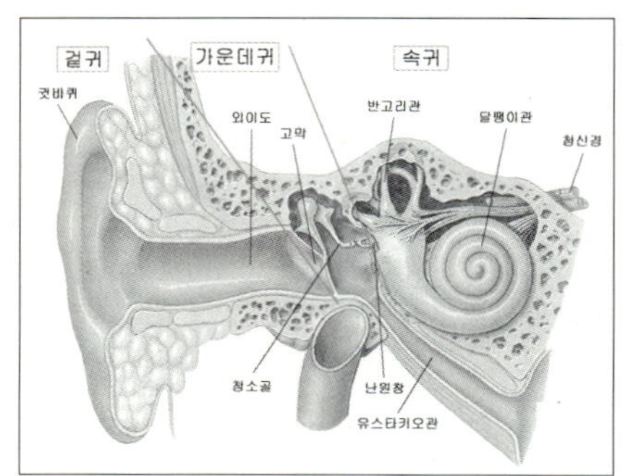

귀

으로 바뀌어 기저막을 진동시킨다. 기저막의 진동은 그림과 같이 청각 수용기인 여러 길이의 유모세포(hair cell : 털세포)들에 의하여 감지되고 여기에 연결되어 있는 청신경에 의하여 뇌에 전달된다. 이때 소리의 높낮이(주파수)에 따라 반응하는 유모세포가 서로 다르다.

(나) 소리의 중요한 물리적 양은 주파수(진동수)와 세기이다. 사람은 주파수와 세기의 소리를 구별해 낼 수 있다. 주파수의 차이는 어떤 종류의 유모세포로부터 진동이 감지되는지를 통해서 알아낼 수 있으며, 이러한 주파수의 차이를 소리의 높낮이로 인지한다. 세기는 유모세포에 의해 감지되는 신호의 크기로 알아낼 수 있으며, 소리의 세기는 진폭으로 구분한다.

[2008년도 서울대 논술예시문제]

포유류 중 인간의 가청 주파수는 약 20Hz부터 20000Hz라고 합니다. 그런데 코끼리는 인간보다 더 낮은 주파수의 소리를 들을 수 있고, 쥐는 인간보다 더 높은 주파수의 소리를 들을 수 있다고 알려져 있습니다. 포유류의 귀의 구조가 서로 비슷하고 단지 크기만 다르다고 가정했을 때, 코끼리가 인간보다 낮은 주파수의 소리를, 쥐는 인간보다 높은 주파수의 소리를 들을 수 있는 이유를 설명하세요.

풀이

소리를 인지하는데 귀의 크기는 크게 중요한 요인이 아닙니다. 코끼리의 귀가 큰 이유는 실질적으로 체온조절에 더 큰 목적이 있습니다. 물론 귀가 크면 소리를 효과적으로 모으는 데 역할을 하는 부분이 있긴 하지만 이는 소리의 세기와 관계있는 부분이며, 동물들마다 가청 주파수 영역대가 엄청난 차이를 보이는 것이 귀의 크기와 관계성을 찾기란 어렵습니다.

동물마다 다른 영역대의 주파수를 감지할 수 있는 이유를 크게 두 가지의 가능성으로 얘기해 보고자 합니다.

첫째는 고막의 특수성을 생각해 볼 수 있습니다. 소리가 들리는 과정은 음파의 정도에 따라 고막의 진동으로 시작됩니다. 이 고막의 진동이 청소골로 전해져 난원창을 때리면 달팽이관의 림프에 파동이 유발되어 기저막을 움직이게 됩니다. 이 기저막의 진동이 유모세포의 털을 자극하게 되면 털이 구부러지면서 세포에 수용기 전위를 유발하게 되는 것이 대뇌에서 소리를 인식하게 되는 원인이라고 할 수 있습니다. 즉, 고막의 진동이라는 시작이 없으면 소리를 듣는 것은 불가능합니다. 때문에 코끼리와 같은 동물의 고막은 낮은 주파수에도 진동을 유발할 수 있는 고막 구조를 가지고 있지 않은가 하는 가능성이 있는 것입니다. 하지만 이것만으로는 높은 주파수의 소리를 듣지 못한 만한 특별한 이유를 제시하는 것은 아닙니다.

따라서 결정적인 원인으로 예상되는 두 번째 이유는 동물의 종류에 따라 소리의 주파수(높낮이)에 반응하는 유모세포의 종류와 다양성을 들 수 있습니다. 사람의 달팽이관 내부의 구조를 보면 고음에 반응하는 유모세포가 있는 위치와 저음에 반응하는 유모세포의 위치가 확연히 구별됩니다. 주파수의 차이는 기저막의 진동을 다르게 유발시키게 되는데 이때, 기저막의 진동 정도에 따라 자극받는 유모세포가 달라지기 때문에 소리의 높낮이 여부를 인지할 수 있는 것입니다. 즉 코끼리는 사람에 비해 낮은 주파수(진동)에도 반응하는 유모세포가 발달되어 있고, 쥐는 높은 주파수(진동)에 반응하는 유모세포가 훨씬 다양하게 발달되어 있기 때문에 각각 다른 주파수 영역대의 소리를 듣는 것이 가능하다는 것을 짐작할 수 있습니다.

서양음악 7음 음계를 피아노로 연주해보면 중간 도(C)음과 한 옥타브 위의 도음은 많이 떨어져 있지만 우리의 귀에 비슷하게 들립니다. 이를 옥타브 동치성이라고 합니다. 도음과 바로 옆의 레(D) 음은 가까이 있음에도 불구하고 전혀 다르게 느껴지는 데 그 이유를 설명하세요.

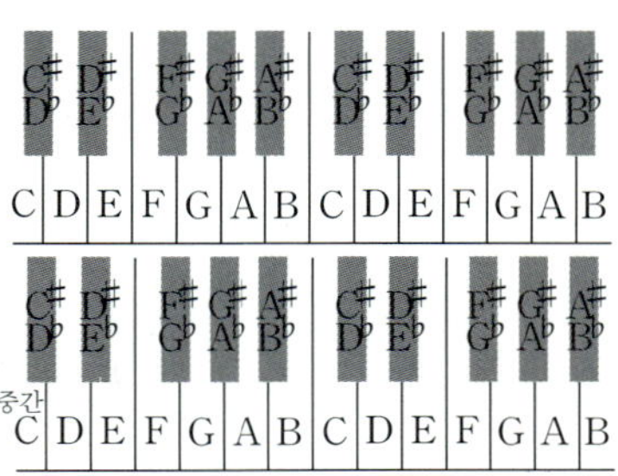

잠깐!

옥타브 동치성(octave equivalence)
서로 다른 음역에 위치해 있지만 서로 같은 음이름을 가진 음들을 동등하게 취급하는 개념

풀이

옥타브 동치성 문제를 두 가지 가능성으로 접근해 볼 필요가 있습니다.

첫째는 소리의 파형 관점에서의 접근으로써 소리를 구별하는 물리량에는 주파수와 세기 이외에 파형도 있다는 것입니다.

똑같은 도의 음이라도 피아노 소리인지 바이올린 소리인지 구별할 수 있는 이유는 피아노 소리와 바이올린 소리의 파형이 다르기 때문입니다. 사람의 뇌는 여러 가지 파형을 기억하고 있다가 뇌에 저장된 파형과 일치하는 파형이 입력되면 발성체가 무엇인지 또는 누구인지 파악합니다. 그래서 뇌에 저장된 파형과 아주 비슷한 파형이 입력되면 간혹 착각하는 경우가 생깁니다.

모든 도음은 비슷하게 들리지만 도음과 레음이 다르게 들리는 이유도 모든 도음은 파형이 서로 비슷하지만 도음과 레음은 파형이 다르기 때문입니다. 예를 들어 어떤 사람이 여러 옥타브를 넘나들며 노래를 불러도 실제로 들을 때는 같은 사람이라는 걸 알 수 있는 것과 마찬가지로 중간 '도' 음과 한 옥타브 위의 '도' 음은 진동수는 다르지만 파형은 비슷해서 우리 귀에 비슷하게 들리는 것입니다.

둘째는 유모세포와 관련된 접근입니다. 하나의 유모세포를 현악기의 현처럼 생각하면 유모세포는 정상파를 만든다고 볼 수 있습니다. 유모세포는 자신의 고유 진동수와 비슷한 진동수를 갖는 소리를 감지한다고 보면, 하나의 유모세포는 자신의 기본 진동수의 자연수배(1, 2, 3, 4, ……)의 소리를 모두 감지할 것입니다. 즉, 중간 도음과 한 옥타브 높은 도음이 어떤 진동수의 자연수 배일 것이므로, 중간 도음과 한 옥타브 높은 도음을 같은 유모세포가 감지할 것입니다. 이렇듯 중간 도음과 한 옥타브 높은 도음을 같은 유모세포가 감지하므로 사람은 비슷한 소리로 인식하게 되는 것입니다.

음정 이야기

음정이란, 두 음 간의 거리를 말하며 '도'로 표현합니다. 그리고 두 음 사이의 거리에서 나타나는 반음의 차이로 인해 장음정과 단음정으로 나뉘게 됩니다. 즉, 미와 파, 시와 도 사이에는 검은 건반이 없습니다. 이러한 관계를 반음이라고 하고 도와 레, 파와 솔 등과 같이 반음이 두 개인 관계의 음을 온음이라 합니다. 이렇게 반음이 하나인 음정을 단음정이라 하며 반음이 2개, 즉 온음이 한 개인 음정을 장음정이라고 합니다.

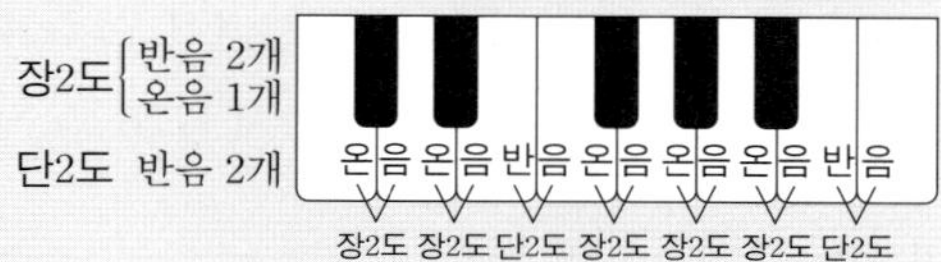

그 중에서도 시작하는 음(대체로 도부터)을 잡고, 8개의 음을 그린 다음에 3~4와 7~8번째 음만 반음으로 만들어지는 것을 장조로 된 음계, 즉 '장음계'라고 하며 이 장음계의 음정은 다음과 같습니다.

이때, 8도를 넘는 경우에는 기본음이 두 번 겹치게 되므로 '겹음정'이라고 합니다. 그리고 이들 중에서 특히 반음의 문제가 없는 1도, 4도, 5도, 8도 음정을 '완전음정'이라 합니다. 이것을 기본으로 반음의 수와 음정 간의 관계를 알아봅시다. 예를 들어 6도의 경우 두 음의 음정이 6도 일 때, 그 음들 사이에 반음이 1개가 존재하면 장6도라고 하며, 반음이 2개가 존재하면 단6도라고 합니다.

음정 반음수	반음 0개	반음 1개	반음 2개
1도			
2도, 3도	장	단	
4도, 5도	증	완전	감
6도, 7도		장	단
8도			완전

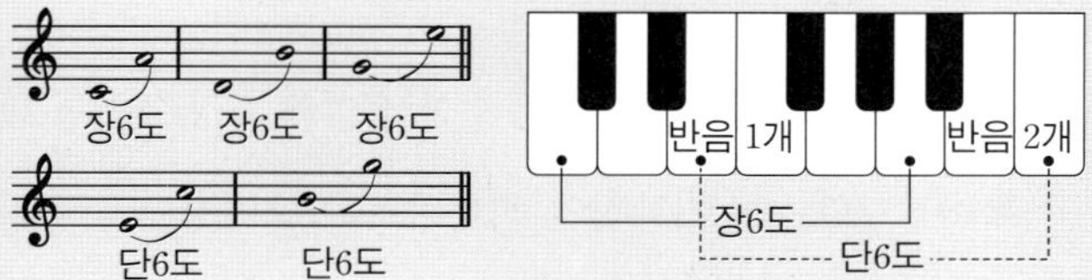

수학 속의 음악

　음악은 감상하는 목적뿐 아니라 치료 목적으로도 사용되었습니다. 예를 들어 구약 성서에서도 목동인 다윗이 사울왕의 질병을 위해 하프를 연주하자, 악령이 떠나고 제정신이 들었다는 이야기가 있습니다. 이러한 예는 당시의 사람들이 음악을 이용한 치료에 관한 인식을 가지고 있다는 것을 말합니다.

　음악치료란 '음악' 과 '치료' 라는 서로 다른 분야의 결합에 의해 음악을 치료 목적으로 사용하는 새로운 학문입니다. 음악치료는 오늘날 복잡한 경쟁 사회 속에서 정신적으로 병들어 가는 사람들과 선천적 또는 후천적으로 불안한 이들을 위해 많이 활용되고 있습니다. 그 이유는 여러 형태의 음악치료 활동이 사람의 행동과 심리상태에 여러 가지 반응을 일으키기 때문입니다. 예를 들어, 박자가 일정하고 리듬이 강한 음악은 춤을 추고 싶게 만들고, 부드러운 멜로디의 느린 서정적 음악은 평화롭고 목가적인 장면을 연상시키며 정서적인 안정을 줍니다. 또한 여러 사람들이 모여서 합창을 하면서 사람들 사이의 새로운 유대관계를 형성하게 만듭니다. 이렇듯 음악은 인간의 생리적, 심리적, 사회적 반응을 유발시켜 신체의 리듬을 안정적으로 만들어 주는데 커다란 효과가 있습니다. 음악의 또 다른 장점은 인간의 무의식 가운데 숨겨져 있던 가능성을 짚어 주는 것입니다.

　인간에게 중요한 부분을 차지하는 음악은 수학에 의해 가장 조화롭고 아름다운 소리가 나도록 이루어집니다. 즉, 기본적인 정수비가 이루어지도록 소리를 조절하고 만드는 음계의 조율방법으로 수학과 음악은 관계를 맺고 있습니다. 예술의 한 부분인 음악이 수학의 산실이라고도 볼 수 있겠지요.

8 장

숨겨진 규칙 속의 매력

열 중 하나

모든 것은 영속되는
비슷한 형태로 만들어졌으며
그것이 순환되면서 다시 나타난다.

– 마르쿠스 아우렐리우스

약수는 즐거워

어느 방안에 있는 n명의 사람 중 (단, $n > 3$) 최소한 1명은 다른 사람과 모두 악수를 하지 않았습니다. 방 안에 있는 사람 중 자신 이외의 모든 사람과 악수를 했다고 생각되는 사람의 최대수는 몇 명일까요?

풀이

방 안에 있는 n명의 사람을 A_1, A_2, $\cdots$, A_n이라 합시다. A_1과 A_2가 서로 악수를 하지 않은 한 쌍이라 하면, 자신 이외 모든 사람과 악수를 했다고 생각하는 사람은 A_1과 A_2는 최소한 제외됩니다. 따라서 많아야 $n-2$명이 다른 사람들과 모두 악수를 했다고 생각할 수 있습니다.

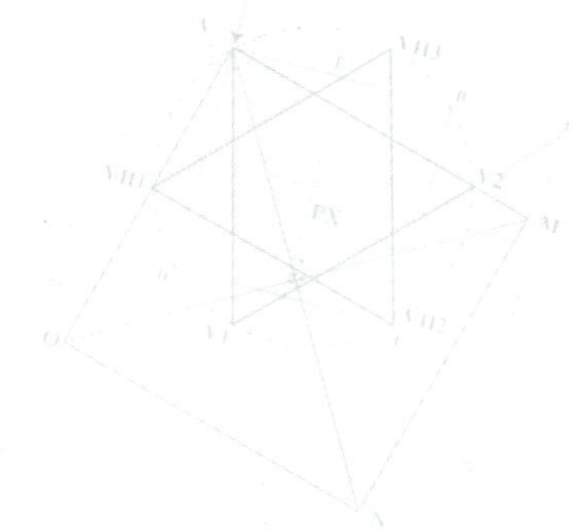

추론의 재미가 있는 열 중 하나!

아래의 문제는 1453년에 그리스에서 발견된 것으로 1950년대에 '터키인과 유럽인' 이라는 제목의 게임문제입니다.

X X X X X····X X··X·X X·X·X··X··X X··

이 문제를 풀기 위해서는 '열 중 하나(decimation)' 라는 개념이 중요합니다. 옛날 사람들은 항해 중에 폭풍을 만났을 때, 배에서 희생자를 찾았는데 이때 열 명 중 하나를 골랐습니다. 우선 선원들이 모두 원형으로 둘러서서 세기 시작해 열 번째 사람이 희생자로 선택됩니다. 나중에는 굳이 10명이 아니더라도 일정한 간격을 두고 이렇게 대상을 고르는 방식을 모두 '열 중 하나' 라고 부르게 되었습니다.

열 중 하나에 대한 가장 오래된 게임은 '터키인과 유럽인' 입니다. 열다섯 명의 터키인과 열다섯 명의 유럽인을 태우고 항해하던 배가 폭풍을 만나 선장은 신을 달래기 위해 승객의 반을 제물로 바치기로 했습니다. 선장은 공평하게 희생자를 고르기 위해 승객 30명을 둥글게 세우고 열세 번째 사람이 희생양이 되도록 했습니다. 하지만 영리하고 약삭빠른 유럽인 한 사람이 다른 유럽인들에게 어떻게 해야 자신들이 살아남을 수 있을지 살짝 귀뜸해주었습니다.

그는 터키인 15명만이 지목되어 희생되도록 정확히 자리를 지정했습니다.

맨 마지막 터키인 T가 첫 번째 유럽인 C옆에 서 있는 식으로 원을 만들면 됩니다. 이 문제는 수학적인 법칙에 의한 수학적 해결 능력을 물어본다기보다는 재치있게 상황을 설정하여 문제를 해결하는 것입니다.

터키인과 유럽인

C C C C C T T T T C C T T C T C C T C T C T T C T T C C T T
X X X X X 12 5 7 3 X X 9 1 X 15 X X 11 X 14 X 6 4 X 8 2 X X 13 10

이 문제의 원형은 유태인 역사가인 요셉(1세기 경)이 어려움을 빠져나간 이야기로서 4세기경의 책에 기록되어 있습니다. 요셉과 40인의 유태인이 지하실에 숨은 채로 로마군에게 포위당하자 그들 중 몇 사람은 로마군에게 죽임을 당하는 것보다는 스스로 목숨을 끊는 편이 낫다고 주장했습니다. 그래서 41명이 원형으로 둘러앉아 세 번째 사람이 순차적으로 목숨을 끊기로 하였습니다. 그러나 이에 반대했던 요셉과 친구는 16번째와 31번째에 있었기 때문에 살아남게 되었다고 합니다. 또한 이 문제는 일본 에도시대의 수학자 세키 다카카즈가 연구한 것에서 찾아볼 수 있습니다. 서자 15명과 적자 15명인, 30명을 원형으로 배치한 후, 10번째마다 서 있는 어린이를 제외시켜서 마지막으로 남은 어린이에게 집안의 대를 잇게 했다고 합니다.

'열 중 하나'의 개념은 근래에 영재성 테스트와 같은 수학적 능력을 측정하는 문제에서 자주 출제되고 있습니다.

보석을 차지하라

　제우스를 비롯한 다섯 명의 신과 플라톤을 비롯한 다섯 명의 인간이 에메랄드 보석 다섯 개를 발견했습니다. 신과 인간 양쪽이 보석을 차지하기 위하여 서로 궁리를 하였습니다. 교활한 제우스가 제안을 했는데, 그 제안은 "다함께 둥글게 둘러서서 일정한 간격을 정해 세어 나가다가 먼저 선택되는 다섯 명에게 보석을 주도록 하자"였습니다. 제우스는 신들이 모두 선택되도록 하려고 한 것입니다. 그래서 제우스의 의도대로 다음과 같은 배열이 되었습니다.

1　2　3　4　5　6　7　8　9　10

M　M　M　G　G　G　M　G　G　M

(M : 인간,　G : 그리스 신)

　이때 기본 규칙은 가장 왼쪽에 선 인간부터 세게 되며 일단 선택된 자는 한 걸음 뒤로 물러서서 다음번에 셀 때는 원에 포함되지 않습니다. 그런데 현명한 플라톤이 나서서 자기가 그 일정한 간격을 정하겠다고 주장하였습니다. 결국, 플라톤이 지정한 간격은 5명의 인간이 먼저 선택되도록 하여 보석을 인간이 모두 차지하게 되었다고 합니다. 신들이 모두 선택되기 위한 간격과 인간이 모두 선택되기 위한 간격을 찾아 봅시다.

풀이

　신들이 모두 선택되기 위한 간격은 14이고, 인간들이 모두 선택되기 위한 간격은 13입니다.

1 | 마지막 승리자 '열 중 하나'

솔로몬 왕에게는 사랑스런 공주가 있었습니다. 솔로몬 왕은 훌륭한 신랑감을 골라 공주와 결혼시키고 싶어서, 자신이 거느린 용감한 장군들을 모아 둥그렇게 원형으로 앉게 했습니다. 그리고 1번 장군에게는 "You live", 2번 장군에게는 "You die", 3번 장군에게는 "You live", 그리고 4번 장군에게는 "You die" 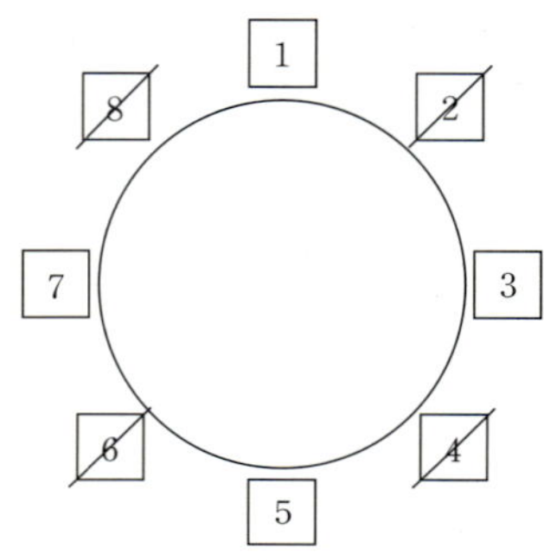
······. 이런 방식으로 마지막 한 명이 남을 때까지 반복하여 신랑감을 선택하려 했습니다. 그런데 한 장군이 공주를 매우 사랑하여 어떻게든 마지막까지 남아 공주와 결혼하려고 합니다. 자, 이 장군은 몇 번 자리에 있어야 사랑하는 공주와 결혼할 수 있을까요?

장군은 마지막까지 남아있기 위해 다음과 같은 생각을 하였습니다.

"1번 기사가 마지막에 남을 때에는 장군의 수가 몇 명일 때일까?"

간단한 수를 가지고 직접해보면

ⅰ) 2명일 때 :

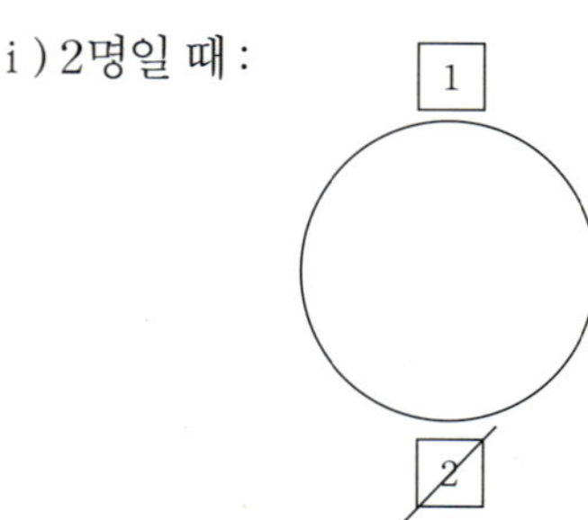

ii) 2^2명일 때:

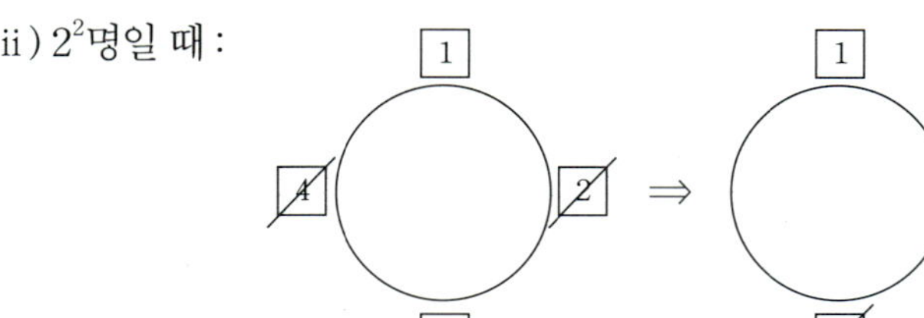

iii) 2^3명일 때:

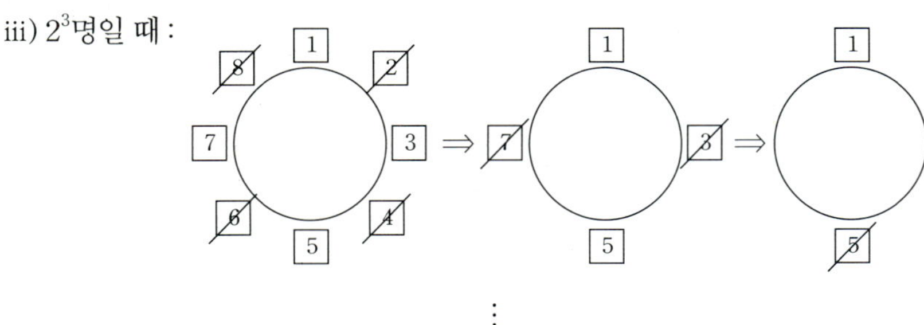

$$\vdots$$

이처럼 장군의 수가 2^n의 거듭제곱꼴일 때 항상 1번 장군이 마지막에 남는다는 것을 알 수 있습니다. 매 회전마다 1번 장군이 처음 장군이 되어 "You live"로 마지막까지 살아 남습니다.

이번에는 장군은 "장군의 수가 2^n명이면 1번이 살아남는군. 그렇다면 1명이 추가될 때마다 남는 장군의 번호는 어떻게 될까?" 라고 생각해보았습니다.

i) 2^n명일 때 1번 장군이 매 회전마다 처음에 오게 되므로 끝까지 남게 됩니다.

ii) 1명을 더 추가한 (2^n+1)명일 때는 처음 2번 장군이 "You die"로 제외되고 나면 3번 장군을 처음 장군으로 하는 2^n명의 장군이 남습니다. 따라서, 이번에는 3번 장군이 마지막에 남게 됩니다.

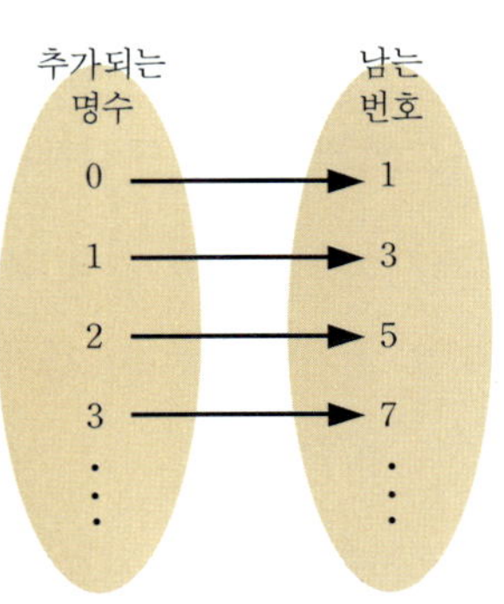

iii) 2명을 더 추가하면 (2^n+2)명일 때 처음 2번, 4번 장군이 차례로 제외됩니다. 그리고 5번 장군을 처음 장군으로 하는 2^n명의 장군이 남게 되고 5번 장군이 마지막에 남게 됩니다.

$$\vdots$$

이와 같은 방법으로 계속하면 k명이 추가되면 마지막에 남는 장군은 $(2k+1)$번째 장군이 됩니다. 여기까지 생각한 장군은 무릎을 탁치며 자신이 공주와 결혼하기 위해 몇 번째 앉아야 하는지 알아내고는 싱글벙글하며 원탁의 회의장으로 걸어 들어갔습니다.

그렇다면 100명의 장군이 모인다면 장군은 몇 번째 자리에 앉아야만 할까요?

100을 2의 거듭제곱을 사용하여 표현해보면 $100=2^6+36$이 됩니다. 따라서, $k=36$이 되므로 $2 \cdot 36+1=73$번째 자리에 앉으면 마지막까지 남을 수 있게 됩니다.

장군의 수가 아무리 변하더라도 이런 규칙을 알고 있는 똑똑한 장군은 공주와 결혼하게 되겠죠? 이와 같이 한 단계, 한 단계 밟으면서 규칙을 찾아나가면 쉽게 '열 중 하나'를 해결할 수 있습니다.

그럼 이번에는 다른 방법으로 해결한 문제를 살펴봅시다.

1부터 100까지의 자연수가 적힌 카드를 작은 수부터 차례로 나열합시다. 그리고 1은 버리고 2는 카드 맨 뒤에 보내고, 3은 버리고 4는 다시 카드의 맨 뒤에 보냅니다. 같은 방법으로 마지막 한 장의 카드가 남을 때까지 이를 반복하였을 때, 마지막 남은 카드에 적힌 수를 구해봅시다.

각 단계를 한번 직접 실행해보겠습니다. 여기서 주의할 것은 마지막에 없어지는 수를 잘 기억해두어야 한다는 것입니다.

첫 번째 실행	순서	1	2	3	4	5	⋯	97	98	99	100
	카드	1	2	3	4	5	⋯	97	98	99	100

첫 번째 시행에서 홀수 번째 카드는 버려지고 짝수 번째 카드는 뒤로 보내므로, 마지막에 99는 버려지고 100은 뒤로 보내집니다. 결국 2의 배수 카드 50장만 남습니다.

두 번째 실행	순서	1	2	3	4	5	⋯	47	48	49	50
	카드	2	4	6	8	9	⋯	94	96	98	100

두 번째 시행에서도 홀수 번째 카드는 버려지고 짝수 번째 카드는 뒤로 보내므로, 마지막에 98은 버려지고 100은 뒤로 보내집니다. 결국 4의 배수 카드 25장만 남습니다.

세 번째 실행	순서	1	2	3	4	5	⋯	23	24	25
	카드	4	8	12	16	20	⋯	92	96	100

세 번째 시행에서도 홀수 번째 카드는 버려지고 짝수 번째 카드는 뒤로 보내므로, 결국 8의 배수 카드 12장만 남습니다. 그런데 마지막 카드가 홀수 번째 카드이므로 100이 버려진다는 것에 유의합니다.

네 번째 실행	순서	1	2	3	4	5	⋯	10	11	12
	카드	8	16	24	32	40	⋯	80	88	96

네 번째 시행에서는 앞의 시행에서 마지막 카드가 버려지므로, 홀수 번째 카드가 뒤로 보내지고 짝수 번째 카드가 버려지게 됩니다. 따라서 마지막 카드가 짝수 번째 카드이므로 96은 버려지고, 결국 8의 홀수 배 카드 6장이 남습니다.

다섯 번째 실행	순서	1	2	3	4	5	6
	카드	8	24	40	56	72	88

다섯 번째 시행에서도 앞의 시행에서 마지막 카드가 버려지므로, 홀수 번째 카드가 뒤로 보내지고 짝수 번째 카드가 버려지게 됩니다. 다음과 같이 3장의 카드만 남습니다.

여섯 번째 실행	순서	1	2	3
	카드	8	40	72

여섯 번째 시행에서 3번째 카드 72가 뒤로 보내지므로 두 장의 카드가 남습니다.

일곱 번째 실행	순서	1	2
	카드	8	72

이제 마지막으로 8은 버려지고 결국 72만 남게 되어 게임은 끝이 납니다.

이 방법은 실행을 해보면 명확히 눈에 보이기는 하지만 카드수가 변할 때마다 매번 실행해 보아야만 합니다. 또, 이렇게 직접 시행하는 방법은 시간이 오래 걸릴 뿐 아니라 시행착오가 날 수 있는 확률이 높다는 단점이 있습니다.

이 문제를 앞의 장군 문제처럼 일반화여 풀어볼까요.

i) 2^n장의 카드가 있을 때는 간단한 수로 직접해보면,

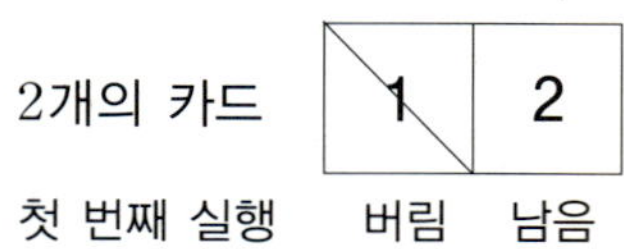

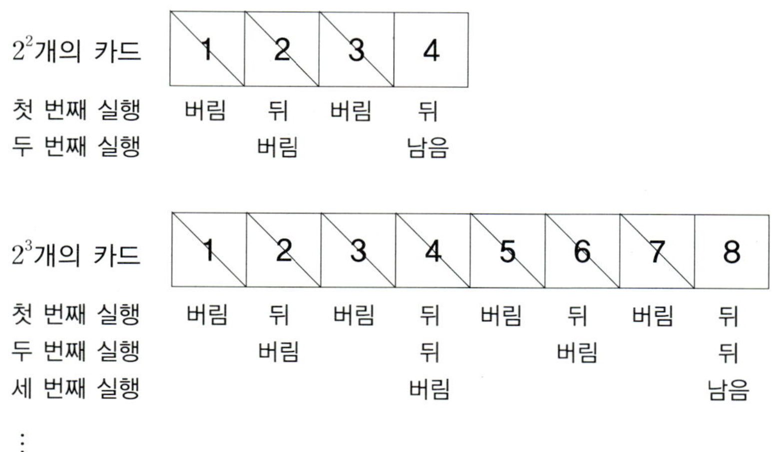

$\vdots$

와 같이 마지막에 있는 2^n번 카드가 남게 됩니다.

ii) 1장을 더 추가한 (2^n+1)장의 카드일 때, 처음 1번 카드를 버리고 2번 카드를 뒤로 보내고 나면 남는 카드의 수는 2^n장이 됩니다. 따라서, i)에 의해 마지막에 있는 2번 카드가 남게 됩니다.

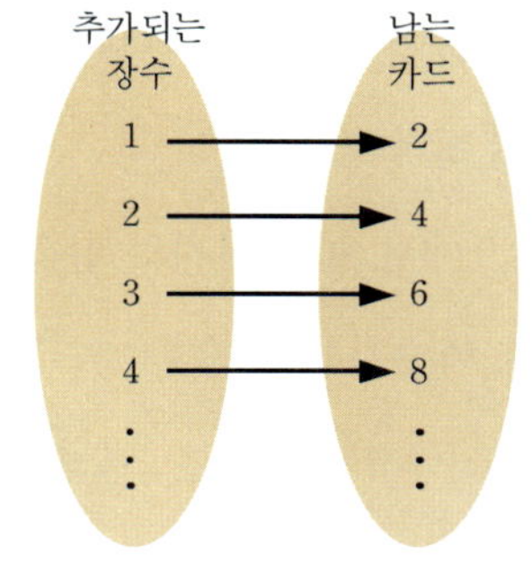

iii) 2장을 더 추가한 (2^n+2)장의 카드일 때는 1번, 3번 카드는 버려지고 2, 4번 카드를 뒤로 보내고 나면 남는 카드의 수는 2^n장이 됩니다. 따라서, 마지막에 있는 4번 카드가 남게 됩니다.

$\vdots$

따라서 k장이 추가되면 마지막에 남는 카드는 $2k$번째 카드가 남게 됩니다. 그러므로 $100=2^6+36$이 되어 마지막으로 남은 수는 $2\times36=72$입니다.

이렇게 규칙을 찾아 일반성을 갖게 해주는 것은 직접 실행해보는 것보다 간단하고 정확합니다. 그리고 카드의 수가 아무리 변해도 찾을 수 있다는 장점을 갖습니다.

이번에는 좀 다른 유형의 '열 중 하나'를 살펴봅시다.

자연수 1, 2, 3, …, 2007, 2008을 칠판에 쓰고, 이들 중 임의의 두 수를 지우고 그 대신에 그들 수의 차이만큼의 수를 적어 넣습니다. 이러한 과정을 오직 한 수가 남을 때까지 계속한다면 남아있는 수는 짝수, 홀수 중 어느 것일까요?

"임의의 두 수를 지우고 그 수들 대신에 차를 써넣어도 짝, 홀은 변하지 않는다"는 홀·짝의 불변성을 잘 이용하면 간단하게 해결할 수 있는 문제입니다.

만일 임의의 두 자연수의 합이 짝수라면 그 두 수의 차도 짝수이고, 두 자연수의 합이 홀수라면 그 두 수의 차도 홀수입니다. 예를 들어 임의의 두 수를 12, 3이라 하면 두 수의 합은 $12+3=15$로 홀수이고, 두 수의 차도 $12-3=9$로 홀수가 됩니다.

두 자연수에서 뿐만 아니라 세 수, 네 수, … 등 무수히 많은 수 사이에서도 홀·짝의 불변성을 성립합니다. 그러므로 이 문제는 주어진 자연수를 모두 더한 결과가 답이 됩니다.

1에서 2008까지의 합을 구하면 $\dfrac{1+2008}{2} \times 2008 = 2009 \times 1004 (=짝수)$이므로 짝수가 남습니다.

지금까지 살펴본 '열 중 하나' 형식의 문제는 규칙성을 찾아내는 것이 관건입니다. 주어진 조건에 의해 간단한 조작을 해서 주기나 패턴을 찾아낸 다음 이를 이용하여 문제를 해결하는 방식은 일종의 수학적 기술이라 할 수 있습니다. 그리고 이것에 익숙해진다는 것은 추론(예측)능력의 향상을 의미합니다. 게임이론의 일종인 '열 중 하나' 문제는 그래서 더욱 중요한 주제라 할 수 있습니다.

불운의 번호표

1번에서 1000번까지의 번호가 주어진 1000명의 사람이 원을 이루고 앉아 있습니다. 이때, 1번부터 시작하여 계속 15번째 번호, 예를 들어 1, 16, 31, 46, …, 991의 사람에게 선물을 준다고 합니다. 그러나 끝없이 선물을 주어도 받을 수 없는 사람이 있답니다. 그 불운의 번호표를 가진 사람의 수는 몇 명일까요?

풀이

1번부터 1000번까지 한 바퀴 돌 때, 선물을 받는 사람의 번호는

$$1, \ 15 \cdot 1 + 1, \ 15 \cdot 2 + 1, \ \cdots, \ 15 \cdot 66 + 1$$

로 67명이 선물을 받습니다.

또, 마지막 번호는 $15\cdot66+1=991$(번)이므로 두 바퀴째 최초로 선물을 받는 사람의 번호는 $991+15=1006$, 6번입니다. 그러므로 두 바퀴째 선물을 받는 사람의 번호는

$$6,\ 15\cdot1+6,\ 15\cdot2+6,\ \cdots,\ 15\cdot66+6$$

으로 67명이 선물을 받습니다. 마지막 번호는 $15\cdot66+6=996$(번)이므로 세 바퀴째 최초로 선물을 받는 사람의 번호는 $996+15=1011$ 즉, 11번 입니다.

같은 방법으로 세 바퀴째 선물을 받는 사람의 번호는

$$11,\ 15\cdot1+11,\ 15\cdot2+11,\cdots,\ 15\cdot65+11$$

로 66명이 선물을 받습니다. 이때, 마지막 번호는 $15\cdot65+11=986$(번)이므로 네 바퀴째 최초로 선물을 받는 사람의 번호는 $986+15=1001$ 곧, 1번입니다.

따라서 네 바퀴째부터는 똑같은 사람이 선물을 두 번 이상 받게 되므로, 선물을 받을 수 없는 사람의 수는 다음과 같습니다.

$$1000-67-67-66=800(명)$$

잠깐!

주기를 한번에 아는 방법

원을 도는 횟수는 m이라 하면, 같은 사람이 선물을 받는 경우는 다음과 같습니다.

$$15k+1=1000m+1$$

$$\therefore m=\frac{15}{1000}k=\frac{3}{200}k$$

$k=200$일 때, m은 최소값 3을 갖습니다.

따라서, 4회부터는 반복됩니다.

열린 사물함

서울대학교 자연과학대학에는 500개의 개인용 사물함이 있는데, 각 사물함에는 1부터 500까지의 번호가 적혀있습니다. 이 사물함에 학생들이 다음과 같은 장난을 하였습니다.

첫 번째 학생은 모든 사물함의 문을 열고, 두 번째 학생은 짝수번호의 문을 모두 닫습니다. 세 번째 학생은 3의 배수의 모든 문에 대하여 닫혀있는 문을 열고, 열려 있는 문은 닫음으로써, 반대로 해 놓습니다. 네 번째 학생은 4의 배수의 모든 문을 반대로 해 놓습니다.

이와 같은 방법으로 500명 학생 모두가 계속해서 해당되는 문을 반대로 해 놓는다면, 최종적으로 열려 있게 되는 사물함은 모두 몇 개일까요?

1번 사물함 : 1번 학생이 열어 놓으면 다음 학생은 절대로 건드리지 않습니다.

2번 사물함 : 1번 학생이 열고 2번 학생이 닫으면 닫힌 채로 있게 됩니다.

3번 사물함 : 1번 학생이 열고 3번 학생이 닫으면 닫힌 채로 있게 됩니다.

4번 사물함 : 1번 학생이 열고 2번 학생이 닫고, 4번 학생이 열면 열린 채로 있게 됩니다.

$$\vdots$$

9번 사물함 : 1번 학생이 열고 3번 학생이 닫고, 9번 학생이 열면 열린 채로 있게 됩니다.

$$\vdots$$

즉, 열 → 닫 → 열 → ⋯의 순서로 되기 때문에 홀수 번의 학생이 다녀간 사물함은 열리게 됩니다. 또한, 사물함 번호의 약수를 번호로 가진 학생만이 그 사물함을 건드립니다.

따라서, 약수의 개수가 홀수 개인 사물함의 개수를 찾으면 됩니다.

약수의 개수가 홀수인 수는 완전 제곱수이므로

$$1 \leq x^2 \leq 500 \quad \therefore 1 \leq x \leq 22$$

즉, 22개입니다.

($\because 1^2,\ 2^2,\ 3^2,\ \cdots,\ 22^2 = 484$이므로 22개입니다.)

잠깐!

약수의 개수가 홀수인 수

1의 약수 : 1

4의 약수 : 1, 2, 4

9의 약수 : 1, 3, 9

$$\vdots$$

와 같이 완전제곱수의 약수의 개수는 홀수 개입니다.

k번째 지워지는 수

그림과 같이 1부터 10까지의 자연수가 시계방향으로 둥글게 놓여있습니다. 처음에 1을 지우고 2를 건너뛰어 3을 지웁니다. 다시 4를 건너뛰어 5를 지웁니다. 이와 같이 한 개의 수를 지우고 난 다음 아직 지워지지 않고 남아있는 수 중에서 한 개의 수를 건너뛰어 그 다음에 남아있는 수를 지우는 시행을 반복합니다. 그렇다면 $1, 3, 5, 7, 9, 2, 6, 10, 8$이 차례로 지워지고 마지막에 4가 남습니다.

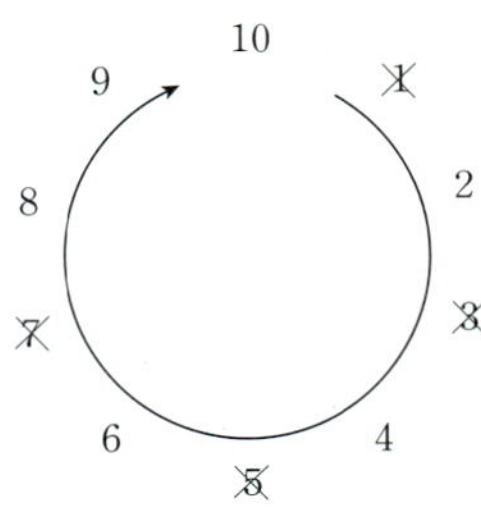

1부터 n까지의 자연수를 시계방향으로 둥글게 세워 놓고 이와 같은 시행을 반복할 때, k번째 $(1 \leq k < n)$에 지워지는 수를 $_nA_k$로 나타내기로 합니다. 예를 들면 $_{10}A_6 = 2$입니다.

이때, 〈보기〉의 참과 거짓을 밝혀봅시다.

보기

ㄱ. n이 홀수일 때, $_nA_k = n$이면 $k = \dfrac{n+1}{2}$이다.

ㄴ. n이 짝수일 때, $_nA_k = n$이면 $k = \dfrac{n}{2} + 1$이다.

ㄷ. $n = 2^6$일 때, 시행 후 마지막에 남는 수는 2^6이다.

ㄱ.

번호	1	3	5	$\cdots$	n
지워지는 순서	$1=\dfrac{1+1}{2}$	$2=\dfrac{3+1}{2}$	$3=\dfrac{5+1}{2}$	$\cdots$	$\dfrac{n+1}{2}$

홀수 n은 $\dfrac{n+1}{2}$ 번째에 지워지므로 $_nA_k=n$이면 $k=\dfrac{n+1}{2}$ 입니다. $\therefore$ 참

ㄴ. (반례) $n=6$이면 $1, 3, 5, 2, 6, 4$의 순으로 지워지므로 $_6A_5=6$이므로

$k=5$일때, $\dfrac{n}{2}+1=\dfrac{6}{2}+1=4$이므로 $k\neq\dfrac{n}{2}+1$입니다. $\therefore$ 거짓

ㄷ. 자연수 n이 맨 마지막까지 남아있기 위해서는

한 바퀴째에는 $1, 3, 5, \cdots$가 지워지므로 n은 짝수이어야 합니다.

두 바퀴째에는 $2, 6, 10, \cdots$이 지워지므로 n은 4의 배수이어야 합니다.

세 바퀴째에는 $4, 12, 20, \cdots$이 지워지므로 n은 8의 배수이어야 합니다.

따라서, $n=2^m$(m은 자연수)꼴이어야 하므로 참입니다.

열 중 하 나

1, 2, $\cdots$, 2000이 쓰인 카드를 일렬로 나열했습니다.

첫 번째는 왼쪽에서 오른쪽으로 가면서 짝수 번째 카드를 빼냅니다.

두 번째는 오른쪽에서 왼쪽으로 가면서 짝수 번째 카드를 빼냅니다.

이 과정을 여러 번 반복했을 때, 마지막 남은 카드의 숫자는 무엇일까요?

[고려대 수학경시 기출]

오른쪽 방향으로 첫번째 시행 후 남은 수는

→ 1, 3, 5, 7, $\cdots$, 1999 즉, 2로 나눈 나머지가 1인 수 1000개가 남습니다.

왼쪽 방향으로 두 번째 시행 후 남은 수는

← 3, 7, 11, $\cdots$, 1999 즉, 4로 나눈 나머지가 3인 수 500개가 남습니다.

이 시행을 반복하면

→ 3, 11, $\cdots$, $1999-2^2$ 즉, 8로 나눈 나머지가 3인 수 250개

← $3+2^3$, $\cdots$, $1999-2^2$ 즉, 2^4으로 나눈 나머지가 $3+2^3$인 수 125개

→ $3+2^3$, $3+2^2+2^5$, $\cdots$, $1999-2^2$ 즉, 2^5으로 나눈 나머지가 $3+2^3$인 수 63개

← $3+2^3$, $3+2^3+2^6$, $\cdots$, $1999-2^2$ 즉, 2^6으로 나눈 나머지가 $3+2^3$인 수 32개

→ $3+2^3$, $3+2^3+2^7$, $\cdots$, $1999-2^2-2^6$ 즉, 2^7으로 나눈 나머지가 $3+2^3$인 수 16개

← $3+2^3+2^7$, $\cdots$, $1999-2^2-2^6$ 즉, 2^8으로 나눈 나머지가 $3+2^3+2^7$인 수 8개

139, 395, $\cdots$, 1931

남아 있는 8개의 수에 대하여 세 번($\rightarrow$, $\leftarrow$, $\rightarrow$)을 $\times$, $\triangle$, $\square$로 표시하며 지워가면

앞에서 세 번째 수가 남습니다. $\therefore 139+256\times2=651$

아름다운 '열 중 하나'

'열 중 하나'는 수학적 관점에서 볼 때 별 가치가 없어 보일 수 있지만, 이런 종류의 문제가 수세기 동안 연구대상이 되었다는 것은 대단히 중요한 사실입니다. 더욱 중요한 것은 이 문제가 십자군 전쟁을 비롯한 종교분쟁과 관련되어 있다는 것입니다.

터키인에 의한 콘스탄티노플 함락과 이슬람에 대한 기독교의 패배를 목격한 유럽은 경악하였으며, 설상가상으로 오랫동안 유럽인의 소유였던 황금 무역로도 이슬람의 손에 넘어가게 됩니다. 이 사건은 수학에도 지대한 영향을 미쳐 유럽에 수학의 전성기를 마련합니다. 왜냐하면 그리스 수학자들이 이탈리아나 프랑스로 이주하게 되었기 때문이죠. 윌 듀렌트가 『종교개혁(The Reformation)』에서 밝힌 것처럼 그리스 학자들의 유럽이주는 이탈리아가 고대 그리스처럼 번성하는 계기였습니다.

즉, 종교전쟁이 수학과 과학의 중심 추를 영원히 바꾸어놓게 된 것이며, 이로 인하여 서구 중심의 현대사회가 탄생할 수 있는 초석이 마련되었다고 할 수 있습니다. 유럽인은 이슬람에 대한 유럽인의 적대감이 내포된 문제이기도 하지만 이런 역사적인 배경을 이해한다면 인간의 역사에 지대한 영향을 끼쳐온 수학의 흐름을 더욱 실감나게 느낄 수 있을 것입니다.

열 중 하나 문제는 몇백 년 전의 중세의 어두운 이야기만이 아니라 오늘날에도 빈번히 일어나고 있는 이야기입니다. 20세기의 마지막 성자인 막시밀리아노 마리아 콜베신부의 이야기가 바로 그렇습니다.

악명 높은 아우슈비츠 수용소에서 한 죄수가 탈출하는 사건이 일어났습니다. 이 사건은 수용소에 갇힌 모든 사람들을 공포로 몰아넣는 사건이었습니다. 왜냐하면 수용소 규칙에 따르면 한 죄수가 도망쳤을 경우 그 사람이 속한 감방의 10명은 지하 감방에서 끔찍한 목마름과 굶주림으로 죽게 되기 때문이죠. 소장은 죄수들을 광장에서 열을 지어 세워 놓고 지하감방으로 갈 희생자 10명을 골라내었습니다. 소장에게 지명을 받고 지하감방으로 떠나게 된 사람들은 울거나 동료들에게 작별을 고하기도 했죠. 그런데 그 중 한 사람 프란치스코 가조브니체크라는 사람이 자신의 가족들이 보고 싶다고 소리치며 울부짖었습니다. 그는 늙은 노모와 아직 어린 자식과 그리고 사랑하는 아내가 있었기에 더욱 슬퍼하며 눈물을 흘렸습니다. 이때 놀라운 일이 벌어집니다. 한 죄수가 열에서 나와 그 사람 대신 자신을 바치겠다고 한 것입니다.

그 사람이 바로 막시밀리아노 마리아 콜베로 가톨릭 신부였습니다. 이렇게 해서 콜베 신부님은 그 죄수를 대신하여 다른 9명의 죄수와 함께 지하감방에 가게 됩니다. 신부님은 다른 9명의 수감자들을 격려하고 그들을 위해 기도해 주고 위로합니다. 죄수들은 굶주림으로 하나 둘 잇따라 죽어갔습니다. 마침내 콜베 신부님을 포함한 4명은 함께 독약 주사를 맞고 47세라는 젊은 나이로 하느님 곁으로 가게 됩니다. 대체로 음울하고 음모가 가득 차 있는 '열 중 하나'는 이처럼 아름다운 이야기도 있습니다.

콜베신부가 14일간 갇혀 있다가 죽음을 맞은 폴란드의 아우슈비츠 수용소 11동 18호 감방

특목고 자사고 가는 수학 1 : 수와 증명

펴낸날	초 판 1쇄 2007년 8월 14일
	개정판 1쇄 2008년 4월 28일
	개정판 6쇄 2019년 10월 22일

지은이	매쓰멘토스 수학연구회
펴낸이	심만수
펴낸곳	(주)살림출판사
출판등록	1989년 11월 1일 제9-210호

주소	경기도 파주시 광인사길 30
전화	031-955-1350 팩스 031-624-1356
홈페이지	http://www.sallimbooks.com
이메일	book@sallimbooks.com

ISBN	978-89-522-0870-5 44410(1권)
	978-89-522-0874-3 44410(세트)

※ 값은 뒤표지에 있습니다.
※ 잘못 만들어진 책은 구입하신 서점에서 바꾸어 드립니다.